新农村节能住宅建设系列丛书

节能住宅规划技术

郑向阳 张 戈 主编

中国建筑工业出版社

图书在版编目（CIP）数据

节能住宅规划技术/郑向阳，张戈主编．—北京：中国建筑工业出版社，2015.6

（新农村节能住宅建设系列丛书）

ISBN 978-7-112-18149-0

Ⅰ.①节… Ⅱ.①郑…②张… Ⅲ.①农村住宅-节能-住宅区规划-技术培训-教材 Ⅳ.①TU984.12②TU111.4

中国版本图书馆CIP数据核字（2015）第107471号

本书由宏观到微观、由理论研究到实际案例、图文并茂全方位地介绍了节能村镇住宅规划建设技术。全书共分为8章，主要包括：村镇规划基础知识、村镇总体规划布局、农村住宅建筑、节能的新村选址及规划布局模式、节能型住宅的建设、生活用能与节能、节能住宅规划建设实例、结论等内容。

本书既可为广大的农民朋友、农村基层领导干部和农村科技人员提供具有实践性和指导意义的技术参考，也可作为具有初中以上文化程度的新型农民、管理人员的培训教材，还可供所有参加社会主义新农村建设的单位和个人学习使用。

* * *

责任编辑：张 晶 吴越恺
责任设计：董建平
责任校对：刘 钰 关 健

新农村节能住宅建设系列丛书

节能住宅规划技术

郑向阳 张 戈 主编

*

中国建筑工业出版社出版、发行（北京海淀三里河路9号）
各地新华书店、建筑书店经销
北京红光制版公司制版
北京建筑工业印刷厂印刷

*

开本：787×960毫米 1/16 印张：11¼ 字数：190千字
2017年4月第一版 2017年4月第一次印刷
定价：**30.00**元

ISBN 978-7-112-18149-0
（27397）

《新农村节能住宅建设系列丛书》编委会

序

本套丛书是基于“十一五”国家科技支撑计划重大项目研究课题“村镇住宅节能技术标准模式集成示范研究”（2008BAJ08B20）的研究成果编著而成的。丛书主编为课题负责人、天津城建大学副校长王建廷教授。

该课题的研究主要围绕我国新农村节能住宅建设，基于我国村镇的发展现状和开展村镇节能技术的实际需求，以城镇化理论、可持续发展理论、系统理论为指导，针对村镇地域差异大、新建和既有住宅数量多、非商品能源使用比例高、清洁能源用量小、用能结构不合理、住宅室内热舒适度差、缺乏适用技术引导和标准规范等问题，重点开展我国北方农村适用的建筑节能技术、可再生能源利用技术、污水资源化利用技术的研究及其集成研究；重点验证生态气候节能设计技术规程、传统采暖方式节能技术规程；对村镇住宅建筑节能技术进行综合示范。

本套丛书是该课题研究成果的总结，也是新农村节能住宅建设的重要参考资料。丛书共7本，《节能住宅规划技术》由天津市城市规划设计研究院郑向阳正高级规划师、天津城建大学张戈教授任主编；《节能住宅施工技术》由天津城建大学刘戈教授任主编；《节能住宅污水处理技术》由天津城建大学文科军教授任主编；《节能住宅有机垃圾处理技术》由天津城建大学吴丽萍教授任主编；《节能住宅沼气技术》由天津城建大学常茹教授任主编；《节能住宅太阳能技术》由天津城建大学张志刚教授、魏璠副教授任主编；《村镇节能型住宅相关标准及其应用》由天津城建大学任绳凤教授、王昌凤副教授、李宪莉讲师任主编。

丛书的编写得到了科技部农村科技司和中国农村技术开发中心领导的大力支持。王喆巡视员，于双民处长和王俊副处长给予了多方面指导，王喆巡视员亲自担任编委会主任，确保了丛书服务农村的方向性和科学性。课题示范单位蓟县毛家峪李锁书记，天津城建大学的龙天炜教授、赵国敏副教授为本丛书的完成提出了宝贵的意见和建议。

丛书是课题组集体智慧的结晶，编写组总结课题研究成果和示范项目建设经验，从我国农村建设节能型住宅的现实需要出发，注重知识性和实用性的有机结合，以期普及科学技术知识，为我国广大农村节能住宅的建设做出贡献。

丛书主编：王建廷

前　　言

党的十六届五中全会通过的《中共中央关于制定国民经济和社会发展第十一个五年规划的建议》提出了建设社会主义新农村的重大历史任务。建设社会主义新农村是一项惠及亿万农民、事关国家现代化进程的伟大工程。积极稳妥地探索适宜我国国情和农民生活特点的节能省地型住宅发展模式，是建设社会主义新农村一项重要内容。

在新农村建设大潮推动下，村庄、村民生存环境改善日益受到社会关注。一些经济水平较高的地区率先围绕村庄建设用地的集约、节约进行土地整理，为成片、成组团、成规模的新村建设提供了难得的机遇。

本丛书是课题《村镇住宅节能技术标准模式集成示范研究》（十一五国家科技支撑计划，编号：2008BAJ08B20）的成果之一。丛书编制的主要目的是将科研成果向应用转化，不断扭转目前较普遍存在的农村住宅分散建设、杂乱无章，大而不当、使用不便，适应性差、反复建设，滥用土地、耗能费材，设施滞后、环境恶劣，质量低下等问题，力求为今后的村镇住宅营造出环境优美、设施完善、高度文明和具有田园风光的住宅组群形态，为建设“节地、节材、节能、节水”的实用环保型村镇住宅，为实现村镇住宅规划设计的灵活性、多样性、适应性和可改性提供参考。在全国高举“节能减碳”、“建设社会主义新农村”、“建设两型社会”和“发展循环经济”大旗的环境下，不失时宜地加强村镇住宅建筑节能的规划设计研究，围绕“四节一环保”目标展开探索和实践，对实现全面建设小康社会，有效解决“三农”问题，推进城市化进程，提高全民文化素质，改变现状落后的村镇建设，有着重要的战略意义。

本书是为广大农民朋友及相关技术人员的编写的技术普及类读物，在本书编写过程中，我们参考了大量的书刊杂志及部分网站中的相关资料，并引用其中一些内容，如金兆森、陆伟刚等编写的《村镇规划》（本书第一章、第二章），骆中钊、王学军、周彦编写的《新农村住宅设计与营造》（本书第三章），在此一并向有关书刊和资料的作者表示衷心感谢。

本丛书将新型村镇住宅建设理念与村镇住宅节能技术集成有机结合，将从村镇住宅规划选址的节能、住宅建筑设计的节能、生活用能规划节能三方面总结出适合北方寒冷地区普遍适用的农村住宅节能模式。为农村建设者提供建设思路，为农民朋友介绍较为合理、节能的生活方式和可行节能应用技术，由于受水平限制，如有不当之处，敬请见谅。

编　者

目　录

1 村镇规划基础知识

1.1 村镇的基本概念

1.1.1 居民点及其发展

居民点是由居住生活、生产、交通运输、公用设施和园林绿化等多种体系构成的一个复杂的综合体，是人们共同生活与经济活动聚集的定居场所。也可以说，居民点是由建筑群（住宅建筑、公共建筑与生产建筑等）、道路网、绿地以及其他公用设施所组成。这些组成部分通常被称之为居民点的物质要素。

在人类的发展史上，并非一开始就有居民点。居民点的形成与发展是社会生产力发展到一定阶段的产物和结果。从原始社会开始，人类过着完全依赖于自然采集的经济生活，还没有形成固定的居民点。人类在与自然长期的斗争中发现并发展了种植业，于是人类社会出现了农业与渔牧业分离的第一次社会大分工，从而出现了以原始农业为主的固定居民点——原始村落。由于生产工具的不断改进，生产力的不断发展，在2000多年前的奴隶制社会初期，随着私有制的诞生与发展，出现了手工业、商业与农业、牧业分离的第二次社会大分工。由此带来了居民点的分化，形成了以农业为主的乡村和以商业、手工业为主的城市。在18世纪中叶，工业革命导致以商业、手工业为主的城镇逐步发展为或以工业，或以金融经济，或以文化教育为主的城镇。

1.1.2 我国村镇的基本情况

我国的居民点依据其政治、经济地位、人口规模及其特征分为城镇型居民点和乡村型居民点两大类。

城镇型居民点分为城市（特大城市、大城市、中等城市、小城市）和城镇（县城镇、建制镇）；乡村型居民点分为乡村集镇（中心集镇、一般集镇）和村（中心村、基层村）。中国城市从规模上看主要分为特大城市、大城市、中等城市、小城市和建制镇；按行政等级又可分为中央直辖市、副省级城市、地级市、县级市和建制镇。至2007年末，全国共有设市城市655个（不包含台湾省，下同），其中，地级市及地级以上城市287个，县级城市368个；市辖区人口（不包括市辖县）在100万以上的特大城市118个，50万～100万人口的大城市119个，20万～50万人口的中等城市151个，20万人口以下的小城市267个，建制镇19249个。这些城市特别是地级以上城市，不仅是中国经济发展的主要载体，更是带动国家经济整体发展的核心力量。

由于县城镇已具有小城市的大多数基本特征，所以本书所阐述的村镇是指建制镇、集镇或中心村。建设部2006年5月发布的2005年《村镇建设统计年报》反映，我国现有建制镇17726个，集镇20686个，村庄3137146个（其中行政村562851个）。

建制镇是农村一定区域内政治、经济、文化和生活服务的中心。1984年2月22日国务院批转《民政部关于调整建镇标准的报告的通知》（国发［1984］165号）中关于设镇的规定调整如下：

1. 凡县级地方国家机关所在地，均应设置镇的建制。

2. 总人口在两万以下的乡、乡政府驻地非农业人口超过两千的，可以建镇；总人口在两万以上的乡、乡政府驻地非农业人口占全乡人口10%以上的，也可建镇。

3. 少数民族地区、人口稀少的边远地区、山区和小型工矿区、小港口、风景旅游、边境口岸等地，非农业人口虽不足两千，如确有必要，也可设置镇的建制。

集镇，大多是乡政府所在地，或居于若干中心村的中心。集镇是农村中工农结合、城乡结合、有利生产、方便生活的社会和生产活动中心。集镇是今后我国农村城市化的重点。

中心村，一般是村民委员会的所在地，是农村中从事农业、家庭副业的工业生产活动的较大居民点，有为本村和附近基层村服务的一些生活福利设施。如商店、医疗站、小学等。人口规模一般在1000～2000人。

基层村，也就是自然村，是农村中从事农业的家庭副业生产活动的最基本的居民点，一般只有简单的生活福利设施，甚至没有。在我国经济发达地区，如上海市郊、县，江苏省的苏、锡、常地区，广东省的珠江三角洲地区，已开始实施若干基层村合并建设1个中心村，以加快农村城市化的进程。

1.1.3 村镇的基本特点

居民点是社会生产力发展到一定历史阶段的产物，作为城市居民点中规模较小的建制镇和乡村居民点的集镇、中心村也不例外。相对城市而言，有它们的基本特点。

1. 区域的特点

村镇在我国辽阔的土地上，星罗棋布地分布在所有地区，但由于各地区社会生产力发展的水平不同，也就是区域经济发展水平不同，村镇分布呈明显的区域特点。至2007年底，全国共有乡镇数为34379个，平均每280km^{2}国土面积有一个乡镇。江苏省有乡镇1055个，平均每97.25km^{2}就有一个乡镇；宁夏回族自治区、青海省、新疆维吾尔自治区等西北三省、区共有乡镇1419个，超过每500km^{2}才有一个乡镇。全国共有60.1万个村，平均每13.82km^{2}有一个村，东南沿海地区，平均每5～6km^{2}就有一个村，而新疆维吾尔自治区平均每160km^{2}才有一个村。又由于区域地理的差别，如土地（包括土壤、地形等）、气候等自然因素存在明显的地区差异，这也决定了村镇在规模分布、平面布局以及建筑形式、构造等方面有它的特点，如平原和山区，南方与北方，村镇表现出强烈的区域特点。

2. 经济特点

村镇与城市相比，农业经济所占的比重更大，村镇必须充分适应组织与发展农、牧、副、渔业生产的要求。农业生产的整个生产过程目前主要是在村镇外围的土地上进行的，这说明村镇与其外围的土地之间的关系十分密切。村镇用地与农业用地交叉穿插，这是村镇经济特点所决定的。

3. 基础设施特点

目前，我国村镇规模较小，布局分散，普遍存在基础设施不足。虽然近年来，由于经济的发展，一些村镇的面貌发生了根本的变化，特别是经济发达地区的村镇，但对于大多数村镇来说，还普遍存在着道路系统分工不清、给排水设施不齐全、公共设施标准较低等问题。2001～2004年全国村镇基础设施建设投资提高了6个百分点，村镇道路铺装率提高到92.6%，自来水普及率达到50%，全部建制镇、99%的集镇和88%的村庄通了电，部分村镇还用起了燃气；近年累计生产设施建设竣工面积4.9亿m^2，公共设施建设竣工面积3.7亿m^2。随着村镇基础设施建设投资的增加，在村镇建成了一批水、电、路、通信、农贸市场等基础设施以及有线电视、卫生院（室）、文化中心、学校等公益设施，但是，由于村镇的地区性差异、村镇本身经济发展水平的差异、城乡的差异，村镇的基础设施还十分薄弱。2007年，我国农村固定资产投资占全社会固定资产投资总额的14.46%，与农村人口所占的比例、农业和农村经济在国内生产总值中所占的份额相比，很不相称。因此，总体来看，发展较为滞后。

4. 村镇环境特点

村镇环境建设滞后，脏、乱、差普遍存在。以往的村镇建设总体上是以居民特别是农民住房建设为主体，环境建设没有得到足够的重视，普遍存在着脏、乱、差问题：一是村镇环境脏。由于公共卫生投入不足，环境整治较薄弱，部分村镇至今尚未消灭露天粪坑，据有关部门统计，目前农村生活污水年排放量8亿t以上，而处理率仅为2.5%左右。二是环境建设乱。由于投入体制不健全，村镇环境建设资金筹措困难，投入不足，许多村镇道路不通畅，路网不成系统，道路等级质量不达标，不少村镇依托过境公路搞“摊大饼”扩张。形成了“要想富，占公路”的观念，各项建设沿交通干道“一层皮”摆开，结果造成“十里长街、一字排开”的不良景观。三是环境意识差。部分村镇居民缺乏现代城市文明的熏陶和受传统生活环境的影响，环境意识、卫生意识、文明意识淡薄，一些村镇在建设过程中，片面追求经济发展速度，结果地方经济虽得到了一定的发展，但在环境方面却付出了沉重的代价。

1.1.4　村镇的发展

进入21世纪以来，党中央国务院就发展村镇作出了一系列战略部署。2000年6月份专门下发了《关于促进小城镇健康发展的若干意见》，党的十六大指出坚持大中小城市和小城镇协调发展，而且在中央历次农村工作会议以及有关农村工作的文件中，反复提出要搞好小城镇建设。党的十六届三中全会提出要用科学发展观指导我们各项工作，促进小城镇建设的健康发展。在党中央国务院的领导下，各级党委、政府认真贯彻中央精神，采取积极有效的措施，加强了村镇建设工作的领导。各级村镇建设主管部门也在党委、政府的领导下，在有关部门的大力支持和密切配合下，开拓进取、努力工作，推动了本地区村镇建设事业的发展，取得了令人瞩目的成就。

1. 农村城镇化是现代化的重要标志

农村城镇化是人类社会发展的必然趋势，是农业社会向工业社会转化的基本途径，也是衡量一个国家或地区经济发展和社会进步的重要标志。根据我国的特点，在“四个现代化”中，农业现代化是关键，要实现农业现代化，就必须实现农村现代化，而农村现代化最重要的标志就是城镇化。当今世界是城市化的时代。在我国推进村镇建设尤其是小城镇建设，能加快农业和农村现代化的步伐，能加快农村城镇化、城乡一体化的进程。所谓城乡一体化，是以功能多元化的中心城市为依托，在其周围形成不同层次、不同规模的城、乡（镇）、村等居民点，各自就地在居住、生活、设施、环境、管理等方面实现现代化。城市之间，城市与乡（镇）、村之间以及相互之间，均由不同容量的现代化交通设施和方便、快捷的现代化通信设施连接在一起，形成一个网络状的、城乡一体化的复杂社会系统，即自然-空间-人类系统，融城乡于自然社会之中，使村镇能在具备上述交通及通信设施现代化的前提下，充分享受到城市现代文明，包括文化、教育、卫生、信息、科技、服务等方面。因此说农村城镇化是城乡一体化的必由之路，也就是现代化的重要标志。

2. 大力发展村镇是现代化建设的重大战略任务

我国村镇的发展，尤其是乡镇的发展是我国城市化的重要组成部分。城市化既是我国经济发展提出的迫切要求，也是被世界各国城市化过程所证明的必然趋势。现代社会的城市化具有多方面的特征。但其本质是城乡人口的再分配，即农村人口向城镇人口转移，农业人口向非农业人口转移。人们常以城镇人口占总人口的百分率作为一个国家城市化水平的标志。

1999 年，在全世界近 60 亿人口中，已有近 40%生活在城镇，发达国家一般为78%～80%，发展中国家近年来发展速度也较快。新中国成立以来，随着国民经济的发展，城镇人口在逐步增长，尤其改革开放以来增长较快。1950年我国城镇人口为6169万，1978年为17245万，1996年为35950万，2003年为52376万，2008年为52376万，在总人口中所占的比重分别为11.2%、17.92%、29.37%、40.53%、45.37%。但是城市化是社会发展和“四化”建设的必然趋势，从长远和全局看，从完善我国城乡结构体系和缩小城乡差别的目标来看，大力发展村镇尤其是小城镇具有重要的战略意义。

随着现代化的进程，我国至2020年的城镇人口会增加多少？如以1981～1996年的平均增长速度4%来预计，城镇人口至少要净增2.5亿人。这是一个很大的数字，如何安排，这是一个重大的战略任务。如新建城市，人口为10万级的，需2500座；人口为250万级的，需100座，这是很难想象的。如果在全国的乡镇中，平均每个乡镇增加6000人，这不仅能较快地解决剩余农村劳动力的安排问题，而且还能促使遍布全国的乡镇蓬勃发展。

近年来的实践充分证明，小城镇已成为吸纳农村人口和劳动力的重要渠道。小城镇发展有着广泛的民意基础。据统计，2000年全国转移就业的1.1亿多农村劳动力中，在乡和建制镇就业的占58.8%，进入县级市、地级市和省会城市就业的分别仅占13.5%、14.5%和13.2%。据四川省调查，2000年以来全省向城镇转移的农村人口中，进入小城镇、小城市、中等城市和大城市的比例分别是45%、23%、20%和12%。中国特色的城镇化道路有一个十分重要的特点，农民进城不失去农村土地，仍然在农村保留着承包地和住房，这是解决农民后顾之忧、确保社会稳定的重要政策，与其他国家农民失地破产被迫进城有着本质区别。小城镇量大面广，更贴近农村，小城镇规划建设更要为农民进镇务工经商创造条件。农民进城反哺农村是小城镇发展和农民改善生活的动力。

3. 规划村镇是新世纪现代化建设的重要任务

21世纪的村镇，不但应有繁荣的经济，也应该有繁荣的文化。它是村镇综合实力的标志。村镇建设已成为农村经济新的增长点。全国各地积极探索村镇建设方式的转变，搞好村镇住宅建设，以基础设施和道路建设为突破口，带动整个村镇建设的全面发展。这表明村镇建设是我国现代化建设，尤其是农村现代化建设的重要内容。

要建设好村镇，必须要有一个科学合理的规划，21世纪的村镇建设是社会主义物质文明与精神文明高度结合的现代化建设，规划村镇必须考虑到新情况、新特点和新趋势。村镇规划，尤其是乡镇规划，要满足农业产业化的要求。农业产业化、工厂化发展是村镇繁荣的经济基础，也是村镇规划建设的新内容；村镇是与大自然最亲近的人居环境，随着经济水平的提高，人们对环境质量与建筑美学的要求也在不断提高；基础设施配套现代化，使人在村镇也能真正和城里人一样享受现代文明建设的成果，即水、电、路、邮、有线电视等。只有通过立足当前，顾及长远，按照城乡人、财、物、信息、技术流向，进行科学论证、合理规划，才能加快现代化建设。搞好村镇规划建设工作，对于推进全面建设小康社会具有重要意义。要加强村镇建设的规划指导和实施管理，集约使用土地，保证建设质量，为统筹城乡发展、解决“三农”问题作出新的贡献。

1.2 村镇规划的任务与内容

1.2.1 面向新世纪村镇规划的基本原则

《中共中央国务院关于推进社会主义新农村建设的若干意见》强调，建设新农村“必须坚持科学规划，实行因地制宜、分类指导，有计划、有步骤、有重点地逐步推进”。在中共中央政治局第二十八次集体学习时胡锦涛总书记进一步强调：“统一思想，科学规划，扎实推进，使建设社会主义新农村成为惠及广大农民的民心工程。”规划是纲，纲举目张。

科学规划是新农村建设贯彻科学发展观的体现。在新农村建设的规划中能否以人为本、自觉地贯彻落实科学发展观，直接关系到新农村建设的大局和成败。而科学的新农村规划本身就是效率、就是生产力，是新农村建设的龙头工作。只有科学地确立新农村建设的近景规划、远景规划的主要内容、基本目标和具体标准，才能确保新农村建设工作按照科学发展观的要求循序持续地向前推进。

党的十六届五中全会明确提出，要按照“生产发展、生活宽裕、乡风文明、村容整洁、管理民主”的要求，坚持从各地实际出发，尊重农民意愿，扎实稳步推进新农村建设。这是党中央关于做好新时期“三农”工作的总体要求，体现了以科学发展观统领经济社会发展全局的指导思想，为实现农村经济、政治、文化和社会全面发展指明了方向。同时这也是新时期村镇规划的指导思想。

1. 小康村镇的要求

小康村镇的要求各地不尽一致，但大致有以下几方面：

（1）村镇规划。小康村镇要有经过村民（代表）大会或乡镇人民代表大会通过并经县（市）人民政府批准的村镇规划。

（2）村镇建设管理机构。村镇建设管理机构健全，管理人员与任务相适应，管理有相应的规定。

（3）村镇功能分区。村镇功能分区明确合理，符合生产、生活的需要：居住区保持地方特色与整个环境协调一致；人均住房使用面积 16～20m^2 以上；住宅室内要有厨房、厕所，利用新能源、新材料、新技术，节地、节水，住宅质量好。

（4）村镇道路。村镇街道要求有通畅的排水设施，主干道为沥青混凝土路面或水泥混凝土路面。有路灯，街道两侧有行道树，干道两侧和广场绿化好，道路洁净、平整。

（5）村镇公共建筑、公用设施。小康村镇要求水电进户，饮用水符合国家卫生标准；有公用电话，乡镇电话每千人拥有率在 5～10 门以上。小学、卫生院（所）、敬老院、幼儿园、图书馆、百货商店、公厕等公用设施齐全，乡镇要设有中学、邮电所、储蓄所、农贸市场、影剧院等；公共建筑、公用设施与整体景观协调；各种设施完好、美观，公共场所整齐、洁净。

（6）绿化、美化。小康村镇要求建制镇和乡政府驻地绿化面积人均 1.5m^2 以上，覆盖率达 40％以上；村庄周围植树，人均公共绿地 1m^2，覆盖率达 30％；行道树排列整齐，各类绿地保持整洁、完好、美观。

（7）环境卫生。要求村镇整体环境美观合理、整洁，无工业污染；垃圾要进行无害化处理；公厕布点合理，保持整洁卫生；家禽家畜要坚持圈养，保持环境卫生。

2. 现代化村镇要求

现代化村镇并没有统一的要求，况且现代化是一个动态过程，现介绍上海市与江苏省的要求，可作为近期村镇现代化的参考。

上海市建设委员会、农业委员会、城市规划管理局于1997年12月17日为加快上海村镇建设和乡村城市化进程，提高规划、建设管理整体水平，促进上海早日建成“布局合理、设施配套、交通方便、功能齐全、环境优美、各具特色”的现代化新型村镇，颁布了《上海市建设社会主义新型村镇标准》，见表1-1。

上海市建设社会主义新型村镇标准 **表1-1**

类别	项目序号	项目评议内容	满分	
			集镇	村
规划 共9分	1	规划与实施： (1) 完成镇域总体规划、镇区规划和修建性详细规划并上报获得批准，积极开展中心村规划及实施工作（3分） ☆ (2) 积极开展中心村规划及实施工作（3分） ★ (3) 及时调整完善已有村镇规划（2分） ★ (4) 规划均由专业单位编制或调整（1分） ★ (5) 村镇规划具有自身特点（1分） ★ (6) 建设严格按照规划要求实施（1分） (7) 镇工业区建设能本着合理使用土地的原则，逐步成片滚动开发（1分）	9	8
市政基础设施 共25分	2	道路、交通设施： (1) 村镇道路网络合理，道路等级符合标准，有明显道路、地名标志（2分） ★ (2) 道路实施完善。路面平整，有排水系统（村镇内道路平整，路面无积水）(2分) (3) 镇区航道畅通，埠头、驳岸完好（1分） (4) 设有汽车站、布局合理的停车场及自行车停车点；镇区主要干道设置路灯（2分）	7	2
	3	供水、供气设施： ★ (1) 村镇自来水普及率达100%，水质达国家标准，对水源采取严格保护措施（2分） ★ (2) 液化气普及率达50%以上，液化气站设置合理、安全（2分）	4	4
	4	排水设施： ★ (1) 镇区干道、公共场所和村镇集中居住区铺设雨、污水排放设施，排水管网布局合理（2分） ★ (2) 污水排放符合国家规定标准（2分） (3) 已建或在建污水处理设施（2分） ★ (4) 防洪排涝设施标准，安全完好（2分）	8	6
	5	供电设施： ★ (1) 满足生产生活用电需要，供电安全，无事故（1分） ★ (2) 电力线路架设有序或埋地铺设（1分）	2	2

续表

类别	项目序号	项目评议内容	满分	
			集镇	村
市政基础设施　共25分	6	通信设施： ★（1）全镇电话主线普及率达20%，村镇公用电话服务范围布局合理（1分） ★（2）建立有线电视网络或公用天线系统（1分）	2	2
	7	防灾设施： ★（1）村镇规划、建设符合防灾等相关规范要求（1分） ★（2）村镇按照规范要求设置消防用水设施（1分）	2	2
公共建筑设施　共19分	8	学校、幼托： （1）集镇有良好的教育设施，能适应九年制义务教育和职业技术教育需要，校址适当，环境优美，校舍采光通风良好（2分） （2）学校有满足学生体育等各类活动的场所和设施（1分） ★（3）满足儿童入托和学前教育需要的托儿所、幼儿园，且服务半径合理（1分）	4	1
	9	文化、体育和科普设施： ★（1）镇区建设有规模合理的多功能文化娱乐活动中心站（馆）以及影剧院，村庄有文化站（2分） （2）镇区有图书馆和科普活动室（可与文化中心或成人教育中心合并建设）（1分） （3）镇区有250m以上跑道的田径场和灯光球场（可与中学体育场相结合）（2分）	5	2
	10	卫生院与社会福利设施： （1）镇区卫生院（医院）位置适当，环境幽静，交通方便，设施配套（1分） （2）有门诊部和住院部，按服务区域人口计算，每千人有4张以上床位，每张床位建筑面积不低于10m²（1分） ★（3）镇区有敬老院，行政村有老年人活动场所（1分） ☆（4）行政村内有卫生室（1分）	4	2
	11	市场和商业服务设施： （1）农贸市场、小商品市场等各类专业市场布局合理、规模适宜，做到集市入室（2分） （2）镇区建有商业区，设置门类齐全，能作为全镇的商业中心（2分） （3）有设施齐全、功能配套的适应对外交往需要的招待所（1分） ☆（4）行政村设有商业服务网点（2分）	6	2

续表

类别	项目序号	项目评议内容	满分	
			集镇	村
住宅建设 共7分	12	居住小区和住宅条件： ★（1）村镇有一个以上布局合理、环境舒适、设施配套的住宅小区（或集中居住点）（2分） （2）小区内保安设施齐全（1分） （3）小区内绿化率达20%以上，有供居民活动休闲的集中绿地和儿童活动场所（2分） ★（4）村镇住宅成套率达70%以上，住宅平面布局合理，结构安全，日照通风良好（2分） ☆（5）村庄内庭院环境整洁卫生，完成农村改厕合格率达80%以上（1分）	7	5
村镇环境和绿化 共19分	13	环境卫生： ★（1）镇区每平方千米设有2～3座、居住小区每百户设有1座水冲式公共厕所（2分） ★（2）设有粪便、垃圾集中消纳处理设施，无露天粪坑，垃圾无害化堆放点应有灭蝇措施（2分） ★（3）车站、码头、集贸市场、街巷、公厕等处有专门保洁人员，保持日常清洁卫生（2分）	6	6
	14	绿化： （1）集镇人均公共绿地面积达2.5m^2以上，绿化覆盖率达20%以上（2分） （2）村镇有一定规模的公园绿地（2分） ★（3）防护林、行道树、绿化隔离带等各种形式的绿地生长良好，古树名木保护完好（2分） ☆（4）村庄内道路两边有绿化带，并有集中公共绿地（2分）	6	4
	15	村容镇貌： ★（1）村镇建筑物整体形象和谐、美观，体现时代气息，具有当地特色（2分） （2）有镇标或小品、雕塑，围墙栏杆及各种标志（路标、广告、招牌）布置适当、美观实用（2分） ★（3）道路两侧无违章占道设摊、堆物，河道水面无悬浮杂物，施工场地环境整洁，无乱堆垃圾（2分） ★（4）有保留价值的古建筑保护完好（1分）	7	5

续表

类别	项目序号	项目评议内容	满分	
			集镇	村
管理　共17分	16	管理机构、人员以及管理工作： (1) 集镇设有村镇建设办公室，落实3～5个建设管理人员，负责村镇规划、建筑管理等日常工作（2分） ★(2) 建立村镇建设综合服务中心或房地产公司，为村镇建设提供服务（1分） (3) 有镇领导分管，助理员具体负责村镇建设，并已将村镇工作列入政府任期工作目标和任期政绩考核的一项重要内容（2分） ★(4) 严格执行国家、本市有关村镇建设的法律、法规，结合当地实际制定管理措施（2分） ★(5) 对各项建设严格实施管理，实施"一书两证"率达到100%（1分） ★(6) 建立档案管理制度，加强对建设档案资料和房屋产权产籍资料的管理（1分） ★(7) 建立村镇环境综合管理队伍，负责日常的村镇环境养护工作（2分） ★(8) 无严重违章、违法建设事件，一般违章搭建发生后能及时处理（2分）	13	9
	17	工程质量安全： ★(1) 加强建设工程质量监督，无建筑质量事故和人员伤亡事故（1分） ★(2) 建设项目必须有持证的设计、施工单位从事设计和施工（1分）	2	2
	18	经费： ★安排一定财力加强村镇建设，有引导农民参与村镇建设的政策措施（2分）	2	2
社区建设　共4分	19	社区建设 ★(1) 居住小区（或集中居住点）设有物业管理服务公司，负责小区的设备维修养护、环境清洁、安全保卫等工作（2分） ★(2) 举办多种形式的社区活动，丰富居民的业余生活（1分） ★(3) 制定"乡规民约"形式的社区管理制度，共同维护社区环境（1分）	4	4
共计			100	70

注：表中★为适合集镇和行政村的标准；☆为只适合行政村的标准，其余为只适合集镇的标准。

提前实现了小康目标的江苏省苏州市，在向农村现代化宏伟目标进军的过程中，提出必须在发展生产力、推进农业现代化和农村工业化的同时，参照城市先进的经济、技术、社会的标准和手段，建设中小城镇和农民新村。具体指标体系是：①城镇人口占总人口比例不小于40%；②非农劳力占总劳力人口比例不小于85%；③国内生产总值中三产占比例不小于40%；④乡镇工业向城镇规划区聚集率（以产值计）不小于60%；⑤人口在农民新村以上聚集率不小于60%；

⑥自来水入户率达100%；⑦使用气化燃料家庭比例不小于50%；⑧每百人拥有电话机数不小于20部；⑨文体支出占生活支出比例不小于10%；⑩人均公共绿化面积不小于10m^2。

3. 村镇规划的基本原则

建设好一个村镇，首先要有一个适应村镇发展的规划。村镇规划是指导村镇建设的蓝图。规划新世纪现代化村镇应遵循以下几个基本原则：

（1）从实际出发

村镇规划要从本地实际出发。所谓本地实际，就是本地的地理优势、人文优势、物产优势、资源和传统特色，村镇规划应扬长避短，继承传统，开拓新貌。

（2）规划起点要高

村镇规划起点要高，具有一定的超前意识，坚持向城市化、现代化方向发展。要有长远的战略眼光，考虑到今后几十年发展的需要，在交通设施、分区布局、生态保护、环境美化等方面留有充分的余地。

（3）坚持标准

村镇规划要坚持布局合理、功能齐全、交通方便、设施配套、居住合适、环境优美、具有特色的标准，符合小康村镇或现代化村镇的各项要求。

（4）节约用地

我国是一个人多地少的国家，节约用地是我国的国策。各类建设用地均应按有关标准、法规执行，严格控制，既要满足生产、生活的需要，又要保护耕地，节约土地。村镇建设区与基本农田保护区要协调、统一规划。

（5）有利于可持续发展

21世纪的村镇是可持续发展的村镇，因此，村镇规划应把环境生态的建设与保护作为重要内容，并在规划中体现科教兴镇（村）的战略，促进村镇的可持续发展。

1.2.2 村镇规划的任务与内容

1. 村镇规划的任务与内容

村镇规划顾名思义是村镇在一定时期内的发展计划，是村镇政府为实现村镇的经济和社会发展目标，确定村镇的性质、规模和发展方向，协调村镇布局和各项建设而制订的综合部署和具体安排，是村镇建设与管理的依据。

在村镇规划中，应对下列问题进行深入研究：村镇的规模、性质和发展方向，它的合理经济联系范围；村镇的各种生产活动、社会活动；村镇居民的生活要求；建设资金的来源；工程基础资料和村镇的现状等。在此基础上，合理安排村镇的各项用地；研究各项用地之间的相互关系，进行功能分区；安排近、远期项目，确定先后次序，以便科学地、有计划地进行建设。简言之，村镇规划即是根据国家、市、县的经济和社会发展计划与规划，以及村镇的历史、自然和经济条件，合理确定村镇的性质、规模，进行村镇的结构布局，应做到布局合理、功能齐全、交通方便、设施配套、居住舒适、环境优美、具有特色，以获得较高的社会效益、经济效益和生态效益。

2. 村镇规划的工作阶段

(1) 县以下建制镇

1990 年 4 月 14 日建设部正式下发的关于县以下建制镇贯彻执行《城市规划法》的通知中，明确建制镇属城市范畴，应该按《城市规划法》的规定规划和建设。根据《城市规划法》，建制镇的规划应分为镇域规划、镇区总体规划和详细规划。

镇域规划，是在镇域范围内，综合评价村镇的发展条件，制定镇域村镇发展战略；预测镇域人口增长和城市化水平，拟定各相关村镇的发展方向与规模；协调村镇发展与产业配置的时空关系；统筹安排镇域基础设施和社会设施；引导和控制镇域村镇的合理发展与布局，指导镇区总体规划。

镇区总体规划，应当包括：镇的性质、发展目标和发展规模，镇区主要建设标准和定额指标，建设用地布局，功能分区和各项建设的总体部署，镇区综合交通体系和河湖、绿地系统，各项专业规划，近期建设规划。

镇区详细规划，应当包括规划地段各项建设的具体用地范围、建筑密度和高度等控制指标，以及总平面部署工程管线综合规划和竖向规划。

(2) 村镇

根据 1993 年 6 月 29 日国务院颁布的《村庄和集镇规划建设管理条例》，村镇规划一般分为村庄、集镇总体规划和村庄、集镇建设规划两个阶段。

村庄、集镇总体规划，是乡级行政区域内村庄和集镇布点规划及相应的各项建设的整体部署。其主要内容包括：乡级行政区域的村庄、集镇布点，村庄和集镇的位置、性质、规模和发展方向，村庄和集镇的交通、供水、供电、邮电、商业、绿化等生产和生活服务设施的配置。

村庄、集镇建设规划，应当在村镇总体规划指导下，具体安排村镇的各项建设。

集镇建设规划的主要内容包括：住宅、乡（镇）村企业，乡（镇）村公共设施、公益事业等各项建设的用地布局、用地规模，有关的技术经济指标，近期建设工程以及重点地段建设具体安排。

村庄建设规划的主要内容，可以根据本地区经济发展水平，参照集镇建设规划的编制内容，主要对住宅、供水、供电、道路、绿化、环境卫生以及生产配套设施作出具体安排。

村镇总体规划布局 2

2.1 村镇用地分析

2.1.1 村镇用地的概念及特征

村镇用地的基本概念:

村镇用地是指用于村镇建设、满足村镇功能需要的土地，它既指已经建设利用的土地，也包括已列入村镇规划范围但尚待开发建设的土地。

村镇用地是村镇各项活动的载体，村镇的一切建设工程不管其在地上还是地下，也不管它的功能如何复杂、对空间如何利用，最终都必然要落实到土地使用上。村镇用地的自然和建设条件以及村镇活动的功能要求决定了村镇土地使用的布局结构和形态。因此，村镇土地使用规划，要根据经济和社会发展需要和村镇各项功能活动对用地的基本要求，分析研究村镇发展的自然和建设条件，合理确定村镇用地的规模、范围和发展方向，合理安排各项功能用地并有机组合，是构成村镇总体规划的核心内容之一。

如同城市用地，村镇用地既是一项资源，也是一种商品；既具有使用价值，可以承载各种建设工程和各项功能活动，又具有经济价值，可以作为商品进入社会市场有偿转让，也可以产生巨大的经济效益。归纳起来，村镇土地一般具有下列属性:

1. 自然属性。土地是自然生成的，具有明显的空间定位性和不可移动性，由此导致每个区域的土地具有各自的土壤构成、地貌特征和相对的地理优势（或劣势）。土地的变化只可能是人为地或自然地改变土地的表层结构或形态，一般情况下土地不可能生长或毁灭，它是不可再生的自然资源。

2．社会属性。地球表面绝大部分的土地已有了明确的隶属，也就是说一般情况下土地必然依附于一定的、拥有地权的社会权力。村镇土地的集约利用受社会强力的控制与调节，无论在土地私有制还是公有制的条件下，都明显地反映出其强烈的社会属性。

3．经济属性。土地一般都具有生态用途、景观用途和空间用途，并因此而显现其经济价值。然而，村镇用地是人们活动的物质载体，这是村镇用地区别于其他用地的本质属性。人们开发村镇用地就是为了获得其生存所需要的集约空间，为了满足各种村镇活动的空间需求。因此，村镇用地的经济属性主要不是表现在土壤的肥瘠上，而是更多地表现在其在村镇中特定的环境与地点，即区位，表现在土地产生和发挥其经济潜力和经济效益的能力。例如，通过人为的土地开发（如七通一平），可以使村镇用地具有更好的利用条件，从而大大提高其可利用性和产出的经济性，并由此转化为建设的经济效益。

4．法律属性。商品经济条件下，土地是一种资源，土地的价值与附之于土地之上的各项权利直接相关。由于土地具有不可移动性的自然属性和产生经济效益的价值属性，其土地地权的社会隶属须通过一定的交换形式（如土地使用权的有偿转让）和相应法律程序得到法律的确认和支持，从而使土地具有法律属性。

2.1.2　村镇用地的基本特征

村镇用地具有如下基本特征：

1．用地功能的广泛性

村镇用地功能的广泛性表现在：相对农业用地而言，村镇活动具有复杂性和综合性，在社会、经济各方面因素的综合作用下，村镇土地使用功能逐步演变成多变性。由于村镇的活动由简单到复杂，为了满足日益更新、日益复杂的村镇活动要求，村镇用地的功能也不断地由单一化向多样性方向发展。我们知道，中国传统的村镇的功能和结构相对单一，居住、简单的交换和运输几乎是其功能的全部。改革开放后，村镇的经济结构和社会结构发生了巨大的变化，村镇的经济功能日益加强，经济活动日益频繁，产业结构日益多样；居民来源、收入水平、文化背景、社区素质出现了新的差别，人们对村镇居住生活、服务、休闲等设施的要求有了明显提高，导致村镇社会组织和社会活动日益复杂化。这种变化逐渐反映到村镇用地的类型和布局上，使得村镇用地功能日益多样，用地结构日益复杂，用地比例发生明显变化。

2. 功能的相对稳定性

村镇用地一旦用于建设，依附其上的建筑物和设施便具有一定的使用期限，其使用功能在一定时期内也具有稳定性。要将这些特定的功能转化为另一种功能或用途时，往往需要较高的经济代价和相应的时间投入。而且，村镇在其发展过程中，各用地功能之间形成了社会、经济等相互关系，改变某一用地的功能，不仅意味着改变用地自身用途，而且意味着对用地结构及彼此关系的改变。因而，村镇用地功能具有相对的稳定性。村镇用地选择和功能组织时，既要解决好当前建设的矛盾，对确实需要调整或改造的用地功能进行切合实际的调整或发展，更要充分预计今后一段时期、甚至更长远的发展建设要求。

3. 土地使用的适度性

村镇土地使用的经济效益一般随开发强度的提高而提高，这是规模效应、集约效应的结果。村镇由于其自身特点，土地使用强度一般较低，土地使用效益也较差。尤其是改革开放后，受经济过热和微观调控不力的影响，村镇建设速度和规模超量发展的问题日益明显：一些村镇任意扩大规模，盲目挤占耕地；一些用地单位征地圈而不用，或建一些简陋建筑，致使大量用地闲置抛荒；有些村镇建设摊子铺得过大，与其经济承受能力不相适应，造成地方财政拮据，日常运营管理费用不堪负担；有些村镇基础设施落后，无法满足土地开发要求，进一步导致土地使用强度的下降，形成恶性循环。因此，保证适度的土地使用强度，提高土地使用效益，是当前村镇总体规划的当务之急。

当然，虽然土地使用强度的提高能够带来较大的经济效益，但也不是强度越高，经济效益越好。

经济学研究表明，随着开发总效益的递增，边际收益递减。土地超强度的开发，还会带来拥挤和环境污染等一系列问题，从而影响整体经济效益，也与村镇的比例尺度不相吻合，影响村镇空间景观质量。虽然高强度的土地开发在村镇建设中并不普遍，但要防止局部地段或地区的超强度开发。因此，村镇土地使用规划要根据村镇土地使用的适度性特征，合理调控开发行为，实现适度的土地利用和开发强度，真正做到经济效益、社会效益和环境效益的整体最佳。

2.1.3　村镇用地评价及选择

村镇总体规划的合理布局是建立在对用地的自然环境条件、建设条件、现状条件综合分析的基础上，根据各类建设用地的具体要求，遵循有关用地选择的原则选择适宜的用地；进行村镇用地的功能组织；分析村镇的用地组织结构和现状的布局形态，确定村镇规划用地的发展方向和布局形态，使得村镇的总体规划布局保证村镇在不同的建设阶段都始终健康地发展。

1. 村镇用地的综合评价

村镇用地的评价是进行村镇规划的一项必要的基础工作。它的主要内容是：在分析、调查、收集所得各项自然环境条件资料、建设条件和现状条件资料的基础上，按照规划建设的需要，以及发展备用地在工程技术上的可行性和经济性，对用地条件进行综合的分析评价，以确定用地的适宜程度，为村镇用地的选择和组织提供科学的依据。

(1) 村镇自然环境条件的分析

村镇自然环境条件主要是指地质、水文、气候以及地形等几个方面。这些要素从不同程度、不同范围并以不同方式对村镇产生着影响（图 2-1）。

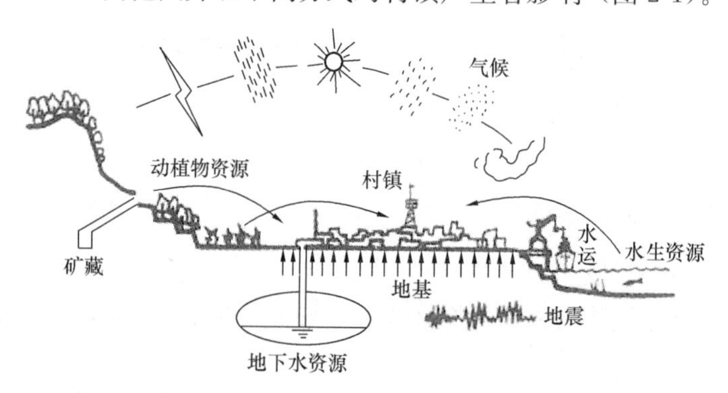

图 2-1　村镇与自然环境的关系示意图

由于不同的地理位置及地域差异的存在，自然环境要素的构成中对村镇规划和建设的影响有所不同。例如有的是气候条件比较突出，有的可能是地质条件比较显著。而且，一项环境要素往往对村镇规划和建设有着有利与不利两个方面的影响，因此，在分析中应着重于主导因素，研究它的作用规律及影响程度。

1）地质条件。地质条件的分析主要指对村镇用地选择和工程建设有关的地质方面的分析。

建筑地基：在村镇用地范围内，各项工程建设都是由地基来承载。由于土层的地质构造和土层的形成条件不一，其组成物质也各不相同，因而它的承载力也就不同，见表 2-1。了解建设用地范围内不同的地基承载力，对村镇用地选择和建设项目的合理分布以及工程建设的经济性，有着十分重要的意义。

不同地质构造的地基承载力表 表 2-1

类　别	承载力（kPa）	类　别	承载力（kPa）
碎石（中密）	400～700	细砂（很湿、中密）	120～160
角砾（中密）	300～500	大孔土	150～250
黏土（固态）	250～500	沿海地区淤泥	40～100
粗砂、细砂（中密）	240～340	泥炭	10～50
细砂（稍湿、中密）	160～220		

冲沟：冲沟是由间断流水在地表冲刷形成的沟槽。冲沟切断用地，对土地使用造成不利的影响。道路的走向往往受其控制而增加线路长度和跨沟工程。尤其是冲沟发育地带，水土流失严重，给建设带来问题。所以在选择时，应分析冲沟的分布、坡度、活动与否，以及弄清冲沟的发育条件，采取相应的治理措施，如对地表水导流或通过绿化等方法防止水土流失。

滑坡与崩塌：滑坡与崩塌是一种物理地质现象。滑坡产生的原因，是由于斜坡上大量滑坡体（即土体和岩体）在风化、地下水及重力作用下，沿一定的滑动面向下滑动造成的。在选用坡地或紧靠崖岩建设时往往出现这种情况，造成工程损坏。滑坡的破坏作用常常造成堵塞河道、摧毁建筑、破坏厂矿、掩埋道路等。为避免滑坡所造成的危害，须对建设用地的地形特征、地质构造、水文、气候以及土体或岩体的物理性质作出综合分析或评定。在选择村镇建设用地时应避开不稳定的界面。

崩塌产生的原因，是由于山坡内岩层或土层的层面相对滑动使山坡失稳造成的。当裂隙比较发育，且节理面沿顺坡方向，则易于崩塌；尤其是因争取用地，过量开挖，导致坡体失稳更易造成崩塌。

地震：地震是一种自然地质现象。地震的破坏性强，影响范围也大。由于目前尚不能精确地预报，因此对于地震灾害的预防必须引起人们的重视。地震是村镇规划必须考虑的内容之一。

2）水文及水文地质条件。水文条件：江河湖泊等水体，可作为乡镇水源，同时还在水运交通、改善气候、稀释污水、排除雨水以及美化环境等方面发挥作用。但某些水文条件也可能带来不利的影响，如洪水侵犯、水流对河岸的冲刷以及河床泥沙的淤积等。村镇建设改变了原来的水文条件，因此，在规划和建设之前，以及在建设实施的过程中，要对变化后的水文条件加以分析。江河水文条件对规划建设的影响和关系，如图 2-2 所示。

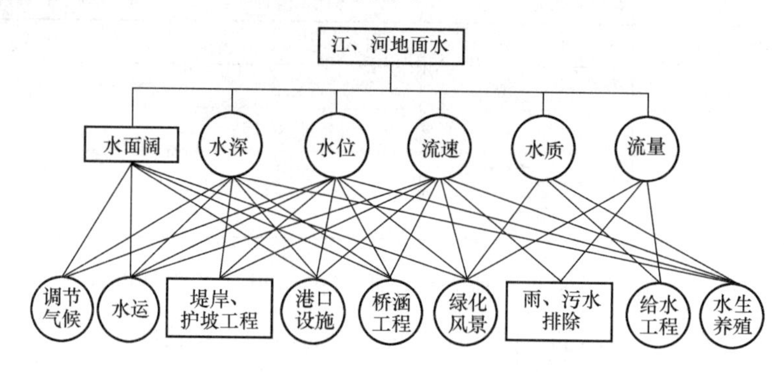

图 2-2　江河水情要素同规划与建设的关系

水文地质条件：包括地下水的存在形式、含水层厚度、矿化度、硬度、水温以及动态等条件。地下水常常是乡镇用水的水源，在远离江湖或地面水，水量不够、水质较差的地区，勘明地下水源尤为重要。在松软土层中地下水按其成因与埋藏条件，可以分为上层储水、潜水和承压水三类，如图 2-3 所示。

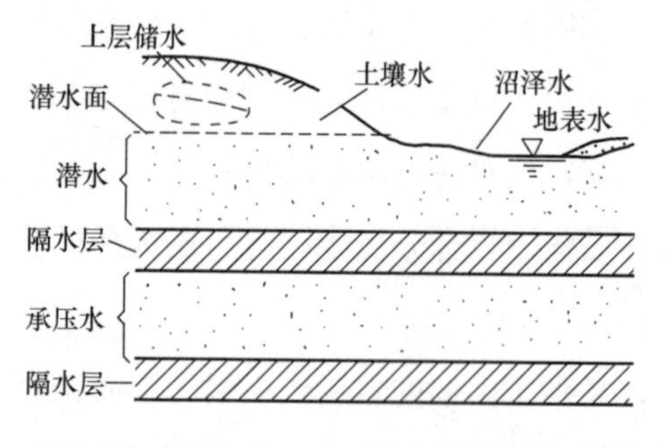

图 2-3　地下水的组成

其中具有村镇用水意义的地下水，主要是潜水和承压水。潜水基本上是渗入石层，大气降水是其补给的来源，所以潜水位及其动态与地面状况有关。承压水是两个隔水层之间的重力水，受地面的影响较小，也不易污染，因此往往是主要水源。地下水的水质、水温由于地质情况和矿化程度的不同，对工业用水和建筑基础工程的适用性应予以注意。

在村镇规划布局中，应根据地下水的流向来安排村镇各项建设用地，防止因地下水受到工业排放物的污染，影响到生活居住地区的水质。以地下水作为水源的村镇，应探明地下水的储备、补给量，根据地下水的补给量来决定开采的水量。地下水过量的开采，将会出现地下水位下降，严重的甚至造成水源枯竭和引起地面下沉。

3）气候条件。气候条件对村镇规划与建设有多方面的影响，尤其在为居民创造适宜的生活环境、防止环境污染等方面，关系十分密切。

影响村镇规划与建设的气象要素主要有：太阳辐射、风向、温度、湿度与降水等几方面。其中以风向对村镇总体规划布局影响最大。

在村镇规划布局中，为了减轻工业排放的有害气体对生活居住区的危害，一般工业区按当地主导风向应位于居住区下风向。图 2-4 为不同主导风向情况下，工业、生活居住用地布置关系的图式。

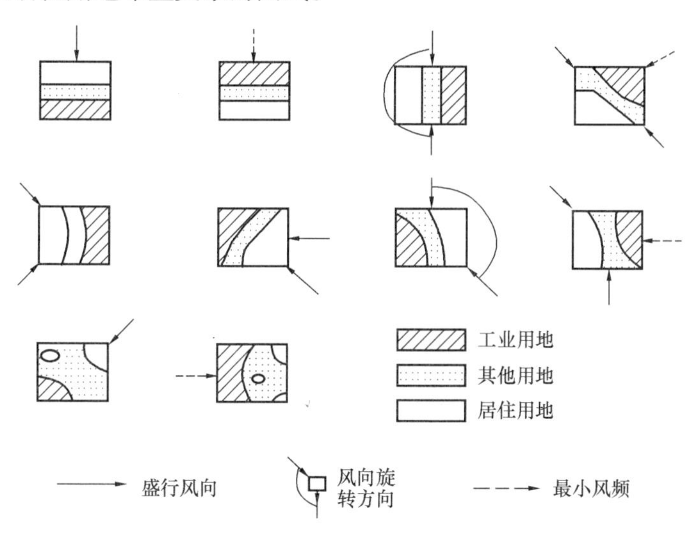

图 2-4 村镇布局典型图式

分析、确定村镇主导风向和进行用地分布时，特别要注意微风与静风频率。

在一些位于盆地或峡谷的村镇，静风往往占有相当比例。如果只按频率大小和主导风向作为分布用地的依据，而忽视静风的影响，则有可能加剧环境污染之害。如图 2-5 所示，某村镇工业布置虽在主导风向的下风地带，但因该地区静风占全年风频的 70%，结果大部分时间烟气滞留上空，在水平方向扩散影响到邻近上风侧的生活居住区（该地区夏日炎热，夏季主导风为南偏东，道路偏向东南，有利通风）。

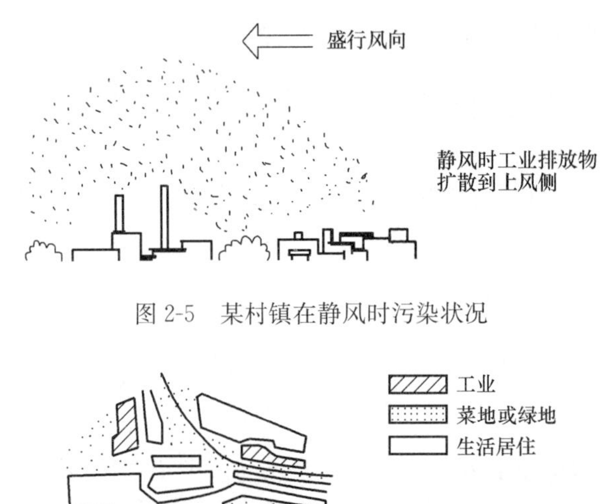

图 2-5 某村镇在静风时污染状况

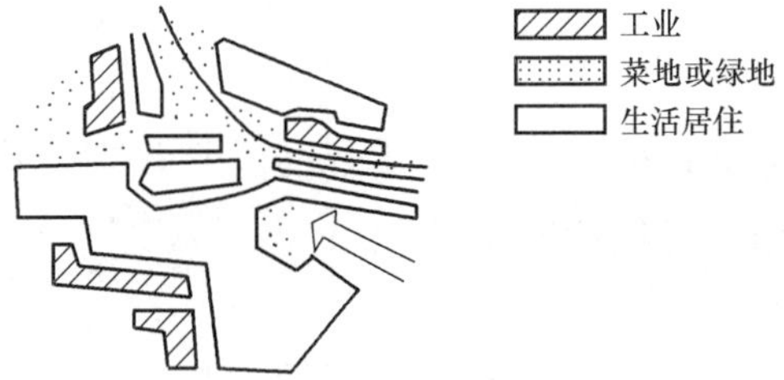

图 2-6 村镇在布局时留出的菜地和绿地作为风道

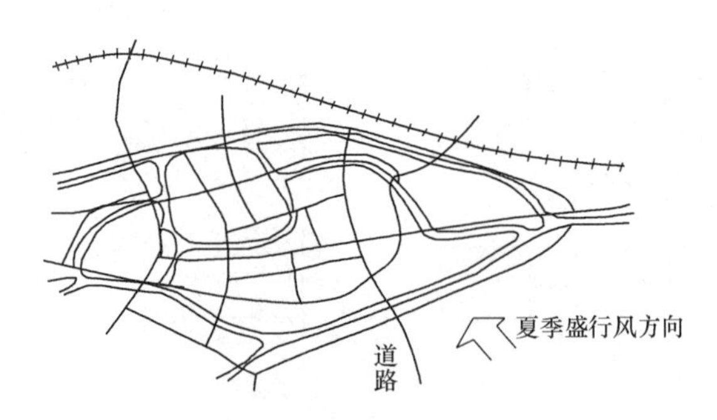

图 2-7 道路走向考虑主导风向的布置示例

图 2-6 与图 2-7 是为了有利于村镇自然通风，在村镇总体布局、道路走向和绿地分布等方面，考虑与村镇主导风向关系的建设实例。

4）地形条件。地形条件对村镇平面结构和空间布局，对道路的走向和线型，对村镇各项工程设施的建设，对村镇的轮廓、形态和艺术面貌等，均有一定的影响。结合自然地形条件，布置村镇各类用地，进行规划与建设，无论是从节约用地还是从减少土石方工程量及投资等技术经济方面来看，都具有重要的意义。村镇用地对坡度有一定的要求，一般适用的坡度可参考表 2-2。

5）生物条件。生物资源对用地选择、环境保护与绿化规则、风景规划等均有很大作用。

从上述几项自然环境条件的分析，可以看出自然环境对村镇规划与建设的影响是非常广泛的，归纳起来可见表 2-3。

村镇各项建设用地适宜坡度 **表 2-2**

用地名称		最小坡度（%）	最大坡度（%）
工业、手工业用地		0.5	10.0
道路	主干道	0.3	4.0
	次干道	0.3	6.0
	巷	0.3	8.0
铁路站场		0	0.25
对外主要公路		0.4	3.0
建筑物	大型建筑	0.3	2.0～5.0
	中型建筑	0.3	5.0～10.0
	住宅或低层建筑	0.3	10.0～20.0

自然环境条件的分析 **表 2-3**

自然环境条件	分析因素	对规划与建设的影响
地质	土质、风化层、冲沟、滑坡、岩溶、地基承载力、地震、崩塌、矿藏	规划布局、建筑层数、工程地基、工程防震、设计标准、工程造价、用地指标、村镇规模、工业性质、农业
水文	江河流量、流速、含沙量、水位、洪水位、水质、水温、地下水水位、水量、流向、水质、水压、泉水	村镇规模、工业项目、村镇布局、用地选择、给水排水工程、污水处理、堤坝、桥涵工程、港口工程、农业用水
气象	风向、日辐射、雨量、湿度、气温、冻土深度、地温	村镇工业分布、环境保护、居住环境、绿地分布、休疗养地布置、郊区农业、工程设计与施工

续表

自然环境条件	分析因素	对规划与建设的影响
地形	形态、坡度、坡间、标高、地貌、景观	规划布局结构、用地选择、环境保护、管路网、排水工程、用地标高、水土保持、村镇景观
生物	野生动物种类和分布、生物资源、植被、生物生态	用地选择、环境保护、绿化、郊区农副业、风景规划

（2）村镇建设条件的分析

村镇建设条件的分析主要有如下几点：①村镇所在地区的经济地理条件，如周围村镇和农村地区的经济联系，工业与矿藏原料基地的关系带；②交通运输条件，如铁路、公路、水运条件；③供电条件，是否可连接上电网，或邻近是否有发电厂可以供电，高压输电线路的位置等；④供水条件，是否有充足的水源，水质、水量等方面能否满足村镇生产与生活的需要，以及村镇用水与航运、农业用水等方面的矛盾。

（3）村镇现状条件分析

现状条件资料一般是指村镇生产、生活所构成的物质基础和现有的土地使用情况，如建筑物、构筑物、道路交通、名胜古迹、工程管线等。这些都是经过一定历史时期的建设逐步形成的。我国现有的村镇，一般都没有进行过规划，许多都是自然形成的，盲目建设造成的布局混乱状况较为常见，所以需要认真进行现状资料的分析，提出布局中存在的种种矛盾，进而提出相应的解决办法。

村镇现状条件的分析中就总体布局来说主要着重于：①村镇布局是否围绕着乡镇的性质和特点而展开；②村镇各项设施之间及在功能关系上，用地的规模与分布等方面是否合理，它们存在哪些矛盾；③村镇用地的分布同自然环境是否协调，以及村镇布局对村镇环境所造成的影响等。

2. 村镇用地的评定

评定村镇用地，主要是看用地的自然环境质量是否符合规划和建设的要求，根据用地对建设要求的适应程度来划分等级，但也必须同时考虑一些社会经济因素的影响。在村镇中最常遇到的是占用农田问题。农田多半是比较适宜的建设用地，如不进行控制就会使我国人多地少的矛盾更趋突出。因此，除根据自然条件对用地进行分析外，还必须对农业生产用地进行分析，尽可能利用坡地、荒地、劣地进行建设，少占或不占农田。

村镇用地按综合分析的优劣条件通常分为三类（表 2-4）。

第一类，适宜修建的用地。指地形平坦、规整、坡度适宜，地质良好，地基承载力在 150MPa 以上，没有被 20～50 年一遇的洪水淹没的危险。这些地段的地下水位低于一般建筑物基础的砌筑深度，地形坡度小于 10%。因自然环境条件比较优越，适于村镇各项设施的建设要求，一般不需要或只需稍加工程措施即可进行修建。

这类用地没有沼泽、冲沟、滑坡和岩溶等现象。

从农业生产角度看，则主要应为非农业生产用地，如荒地、盐碱地、丘陵地，必要时可占用一些低产农田。

第二类，基本上可以修建的用地。指采取一定的工程措施，改善条件后才能修建的用地，它对乡镇设施或工程项目的分布有一定的限制。

属于这类用地的有：地质条件较差，布置建筑物时地基需要进行适当处理；或地下水位较高，需要降低地下水位；容易被浅层洪水淹没（深度不超过 1～1.50m）；或地形坡度较大在 10%～25%；修建时需较大土（石）方工程数量；或地面有较严重积水、沼泽、轻微非活动性冲沟、滑坡和岩溶现象，需采取一定的工程措施加以改善的地段。

第三类，不宜修建的用地。指农业价值很高的丰产农田；或地质条件极差，必须赋予特殊工程措施后才能用以建设的用地，如土质不好，有厚度为 2m 以上活动性淤泥、流沙，地下水位很高，有较大的冲沟、严重的沼泽和岩溶等地质现象。经常受洪水淹没且淹没深度大于 1.50m，地形坡度在 25%～30%等。

村镇用地分类 **表 2-4**

用地分类	承载力	坡度	土类	其他
适于建设用地	150～200kPa	<10%	赤砂	
基本适于建设用地	50～80kPa	<15%	灰砂	背坡地
不适于建设用地	30～50kPa	<20%	滩地、高产田	

用地类别的划分是按各村镇具体情况相对地来划定的，不同村镇其类别不一定一致。如某一村镇的第一类用地，在另一村镇上可能是第二类用地。类别的多

少要根据用地环境条件的复杂程度和规划要求来定，有的可分为四类，有的分为两类。所以用地分类在很大程度上具有地域性和实用性，不同地区不能作质量类比。

用地评定的成果包括图纸和文字说明。评定图可以按评定的项目内容分项绘制，也可以综合绘制于一张图上。分析评定的详细内容可以列表说明，总之，应以表达清晰明了为目的。

3. 村镇用地的综合评定

村镇规划与建设所涉及的方面较多，而且彼此间的关系往往是错综复杂的。对于用地的适用性评价，在进行以自然环境条件为主要内容的用地评定以外，还需从影响规划与建设更为广泛的方面来考虑。除了如前所述的村镇建设条件和现状条件，还有社会政治、文化以及地域生态等方面的条件作为环境因素客观地存在着，并对用地适用性的评定产生不同程度与不同方面的影响。所以，为了给用地选择和用地组织提供更为全面和确切的依据，就有必要对村镇用地的多方面条件进行综合评价。

用地条件的综合评价与用地选择是相互依存、关系紧密的两项内容。前者是后者的依据；后者则向前者提出评价的内容与要求。用地条件与村镇规划布局的关系可以归纳为图 2-8 所示的图式。

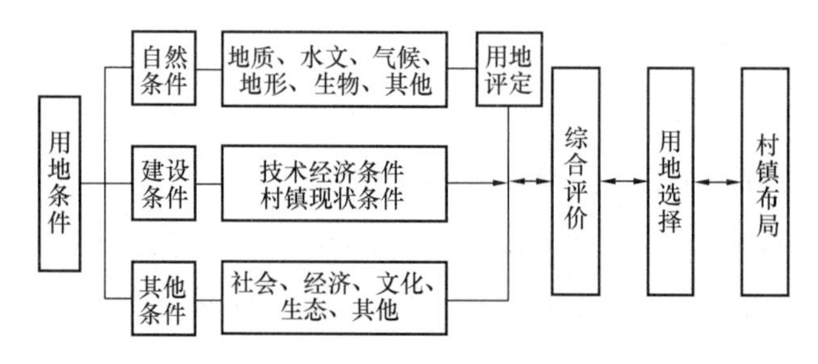

图 2-8 用地条件构成图式

2.1.4 村镇用地的选择

1. 村镇用地选择的基本要求

村镇用地的选择，是除根据村镇规划布局和各项设施对用地环境的要求，对用地的自然环境条件、建设条件等进行用地的适用性的分析与评定外，还应对村镇用地所涉及的其他方面，如社会政治方面（城乡关系、工农关系、民族关系、宗教关系等）、文化关系（历史文化遗迹、村镇面貌、风景旅游及革命圣地、各种保护区等）以及地域生态等方面的条件分析，在用地综合评价的基础上对用地进行选择。作为村镇用地的选择有下列要求。

（1）用地选择，要为合理布局创造条件。村镇各类建筑与工程设施，由于性质和使用功能要求的不同，其对用地也有不同的要求。所以首先应尽量满足各项建设项目对自然条件、建设条件和其他条件的要求。并且还要考虑各类用地之间的相互关系，才能使布局合理。因为，村镇是一个有机整体，各类用地有相互依赖、制约、矛盾等错综复杂的关系。如工、副业用地，离居住用地过近就会影响居住区的宁静，还有可能污染居住环境。

（2）要充分注意节约用地，尽可能不占耕地和良田。

（3）选择发展用地，应尽可能与现状或规划的对外交通相结合。选择发展用地，应尽可能与现状或规划的对外交通相结合，使村镇有方便的交通联系，同时应尽可能避免铁路与公路对村镇的穿插分割和干扰，使村镇布局保持完整统一。

（4）要符合安全要求。一是要不被洪水所淹没，倘若选用洪水淹没地作村镇用地时，必须有可靠的防洪工程设施；二是要注意滑坡，避开正在发育的冲沟，石灰岩溶洞和地下矿藏的地面也要尽可能避开；三是避开高压线走廊，离易燃、易爆的危险品仓库要有安全的距离；四是应避开地震断裂带等自然灾害影响的地段，并应避开自然保护区、有开采价值的地下资源和地下采空区。地震断裂带两侧 50m 范围内、风景名胜区核心区、自然资源保护区、历史文化保护区核心区、水源保护区、基础设施保护区（带）为绝对禁建区。应尽量保持原有自然的地形地貌，不宜做大规模的挖填方。

（5）要符合卫生要求。首先要有质量好、数量充沛的水源。质量好，就是经过一般常规处理，能达到国家规定的饮用水标准；数量充沛，就是能满足生活和工副业生产所需要的水量。其次，村镇用地不能选在洼地、沼泽、墓地等有碍卫生的地段。当选用坡地时，要尽可能选在阳坡面，对于居住用地尤为重要。在山区选择用地，要注意避开窝风地段。此外，在已建有污染环境的工厂附近选地，要避开工厂的下游和下风向。

2. 村镇用地选择的方案比较

村镇用地的选择，由于受到许多因素的相互制约，所以，其方案就不可能是唯一的，常常可以产生许多方案，而各个方案都有不同的优缺点。情况比较复杂时，不进行详细地比较，就难以判断哪个方案最为合理。村镇用地的方案比较，一般是将不同方案的各种条件用扼要的数据、文字说明制成表格，以便于条理清楚地对照比较。方案比较的内容通常有以下几个方面：

（1）占地情况。包括占地的数量和质量。如耕地（分良田、坡地、薄地）、园地（茶、桑、果）、荒地等各占多少。

（2）搬迁情况。需要搬迁的居民户数、人口数，拆迁的建筑面积，所占用地的生产现状及建设征地后的影响，补偿费用和农业人口的安排情况。

（3）水源条件。水的质量、数量，水源距离以及乡镇建设可能产生的影响。

（4）环境卫生条件。日照、通风、排水、绿化条件，分析各方案在环境保护方面的措施是否有遗留问题，以及由此所产生影响的程度。

（5）交通运输条件。对外如公路、水运及其水陆联运方面，对内的道路交通是否方便，年运输费用的比较，工程投资是否节省。

（6）工程设施的合理性比较。道路走向、长度、桥梁座数，给水排水管线的走向、长度，是否需要设置防洪工程。

（7）对原有设施的利用状况。可利用的项目和可利用程度。

（8）主要近期建设项目造价比较。上述几个方面，以占地和水源为主要因素，是方案取舍的主要条件。但是，在某些情况下，其他因素也可能占主要地位，要根据当地实际情况具体分析。

2.2 村镇总体规划布局

村镇总体规划布局，要对村镇各主要组成部分统一安排，使其各得其所，有机联系，达到为村镇的生产、生活服务的目的。既要经济合理地安排近期建设，又要考虑远期发展，它对于村镇的建设和发展具有战略意义。总体规划布局要体现村镇居民劳动、生活、休息和交通等组成村镇的四大主要内容。它的主要工作包括：村镇各类用地条件分析适宜性评价及选择，总体规划布局，村镇的发展与布局形态分析。

2.2.1 总体规划布局的影响因素及其基本原则

1. 影响村镇总体规划布局的主要因素

（1）生产力分布及其资源状况。如周围村镇的性质、规模、乡（镇）域规划对村镇的要求及其周围村镇体系布局中的地位和作用等。

（2）资源状况。如矿产、森林、农业、风景资源条件和分布特点。

（3）自然环境。如地形、地貌、地质、水文、气象等条件，它对村镇的布局形态具有重要影响。

（4）村镇现状。包括人口规模的现状及其构成，用地范围、工业、经济及科学技术水平等。

（5）建设条件。水源、能源、交通运输条件等。

在分析研究以上各种具体条件的基础上，就可以着手进行村镇的总体规划布局。

2. 总体规划布局的基本原则

（1）全面综合地安排村镇各类用地。规划布局时应该对村镇中各类用地统筹考虑，并首先安排好影响全局的生产建筑用地和包括居住、公建、道路广场公共绿化在内的生活居住用地。处理好村镇建设用地与农业用地的关系。

（2）集中紧凑，达到既方便生产、生活，又能使村镇建设造价经济。要避免沿公路盲目兴建、拉大架子、布局分散的不合理情况。村镇用地布局应该适当地紧凑集中，体现村镇“小”的特点。不要套用城市总体规划布局的模式，避免造成浪费和破坏总体规划布局的谐调。

（3）充分利用自然条件，体现地方性。如河湖、丘陵、绿地等，均应有效地组织到村镇中来，为居民创造清洁、舒适、安宁的生活环境；对于地形地貌比较复杂的地区，更应善于分析地形特点。只有这样，才能做出与周围环境协调、富有地方特色的布局方案。

（4）村镇各功能区之间，既要有方便的联系，又不互相妨碍。

（5）各主要功能部分既要满足近期修建的要求，又要预计发展的可能性。

（6）对村镇现状，要正确处理好利用和改造的关系。

总体规划布局应适应村镇延续发展的规律并与其取得协调。做到远期与近期有一定联系，将近期建设纳入远期发展的轨道。

2.2.2　总体规划布局的程序和思想

1. 总体规划布局一般程序

总体规划布局一般要经过下列程序进行：

（1）原始资料的调查。这部分内容在前面的章节已作过详细的论述。村镇大多数是在原来基础上建设的，村镇规划和建设不可能脱离这些原有的基础。充分分析村镇现状条件资料对于从实际出发，合理地利用和改造原有村镇，解决村镇的各种矛盾，调整不合理的布局等都是必不可少的。

（2）确定村镇性质、规模。确定村镇性质，计算人口规模，拟定布局、功能分区和总体规划构图的基本原则。

（3）在上述工作的基础上提出不同的总体布局方案。

（4）对每个布局方案的各个系统分别进行分析、研究和比较。其中包括：村镇形态和发展方向，道路系统，工业用地、居住用地的选择，商业、行政、体育中心的选择，公园绿化系统，农业、生产用地的布局等，逐项进行分析比较。

（5）对各方案进行经济技术分析和比较。

（6）选择相对经济合理的初步方案。

（7）根据总体规划的要求绘制图纸。

以上程序如图 2-9 所示。

2. 总体规划布局的思想方法

在考虑村镇总体规划布局时，除了要遵循上述的基本原则和规划程序外，在思想方法上还要处理好以下几个关系。

（1）局部与整体

村镇是一个经济实体、物质实体，是人群聚集的场所。村镇中的生产、生活、政治、经济、工程技术、建筑艺术等诸方面都要有自己的不同要求。它们之间既有相互联系、相互依存的方面，又有相互矛盾、相互排斥的方面。因此，在总体规划布局时必须牢固地树立全局观念，把村镇当作一个有机的整体对待。

（2）分解与综合

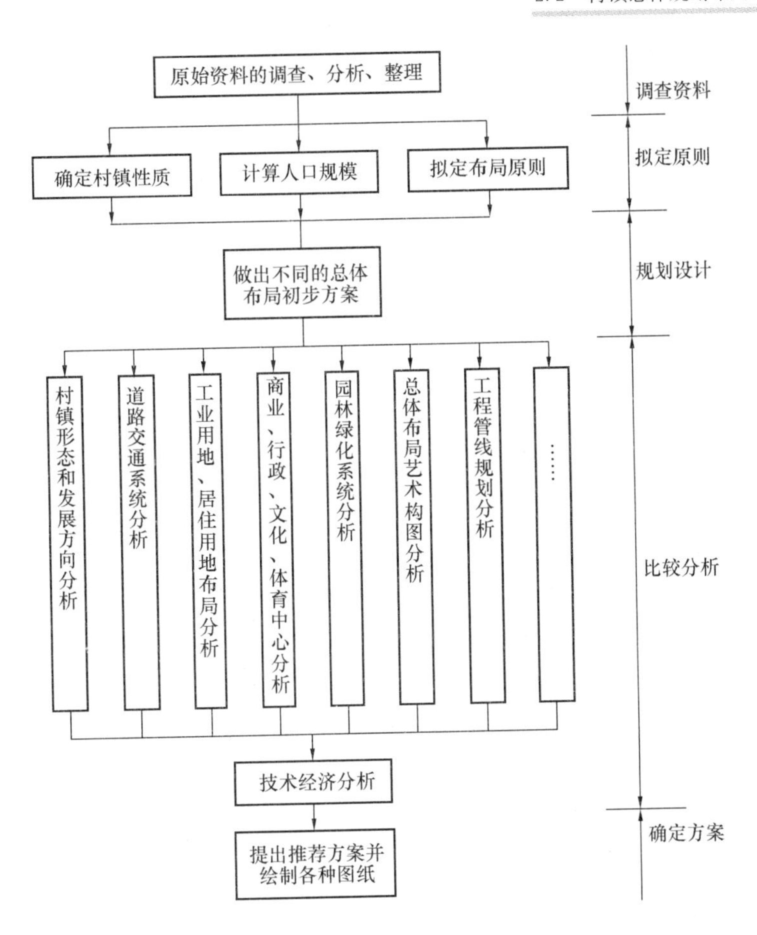

图 2-9 村镇总体布局程序框图

村镇总体规划布局是要保证村镇居民有良好的生产、生活和休息的条件，既要将这些内容组成一个完整的整体，使之相互密切联系，也要看到各项内容以及为这些内容服务的各要素都具有相对的独立性。它们本身都具有内在联系。从系统工程的角度看，如果将村镇看作一个大系统的话，那么，这个大系统就是由若干个子系统组成。这些子系统包括功能结构系统、公共中心系统、干道系统、绿化系统、工程管线系统以及建筑群的空间系统等。以上各个子系统都应该是完整的自成体系，并能满足各自的功能要求。所谓分解，即在总体布局时，将各个子系统分离出来，使之形成满足其功能要求的相对独立的体系。但是，村镇又是一个综合体，各个子系统之间又是相互联系、相互制约的。如道路系统在总体布局中占有重要地位，而干道的走向、密度等又首先取决于工业和居住区的分布；村镇的空间构图同公共建筑的分布几乎密不可分；工程管线的走向取决于道路网的形式。这就更要求进行综合，以解决各个系统之间的矛盾，使之相互协调。一个好的规划总图，不仅从整体上看是合理的，而且分解以后，组成村镇的各要素也应是成体系的。

（3）联系与隔离

在进行总体规划布局时，同时考虑一切互相关联的问题，处理好各要素之间联系与隔离的问题也是至关重要的。片面强调某一方面都是错误的，都会给村镇居民生产、生活或村镇景观带来不利的后果。至于对某一具体问题的处理，要根据不同情况和条件区别对待。一般的原则是，在考虑工业和居住区的相对位置时，对某些污染较重的有害工业，如化工、造纸等应强调隔离，而对其他一般的加工、食品、轻纺工业等则没必要过分强调建立独立的工业区。铁路和过境公路尽可能从村镇边缘通过；对现有穿越村镇的过境公路，则应设法移至边缘，但不能距村镇过远而影响与村镇间的方便联系；同时，须从村镇的各功能区之间的绿化带中通过，以减少对各功能区内部活动的干扰。

（4）远期与近期

远期与近期是对立统一、相互依存的。合理的远景规划反映村镇发展规律的必然趋势，可以为近期建设指出方向。

目前村镇建设中存在的主要倾向是忽视远期规划，或者是使远期规划流于形式，近期建设另搞一套，盲目行动，这就造成了许多破坏性的后果。不少项目，刚刚建成后就成为改造的对象，给村镇建设人为地造成许多被动局面。所以必须重视远期规划的重要性及其对近期建设的指导作用。根据乡（镇）域经济的分析和乡（镇）域规划提出的要求，对村镇的发展作出战略部署，使村镇建设有一个明确的方向，在此基础上抓住现实，力求近期建设合理，并使近期建设纳入远期规划的轨道。采取由近及远的建设步骤，既保护村镇建设各个阶段的完整性，又同村镇总的用地布局相互协调。

（5）新建与改造

在我国当前经济实力尚不雄厚的情况下，村镇的总体布局必须是结合现状，对现有旧镇区加以合理利用，并为逐步改造创造条件。即在整个规划布局中，同村镇现状有机地组合在一起。充分利用原有的生活服务设施和市政设施，以减少村镇建设的投资。对旧镇区的充分利用，可以支援新区的建设，而新区的建设又可以带动旧区的改造和发展，两者互相结合就可以加快村镇建设的速度。当然，强调利用，还要以发展的眼光对待旧镇区的改造，否则就不可能从总体布局的战略高度出发，做出好的布局方案。正确的方法应该是，将旧镇区的用地及早地纳入村镇总体规划来统一考虑，全面安排，使合理的规划布局在旧区不断改造和新区不断建设的过程中体现出来。

2.2.3 村镇总体布局

村镇总体布局是村镇的社会、经济、自然以及工程技术与建筑艺术的综合反映。对于村镇现状、自然技术经济条件的分析，村镇中各种生产、生活活动规律的研究，各项用地的组织安排，以及村镇建筑艺术的要求，无不涉及村镇总体布局问题。面对这些问题的研究结果，最后又都要体现在村镇总体布局中。

1. 村镇用地组织结构

村镇规划工作内容很多，其中用地总体布局是其重点，而村镇规划用地组织结构则是用地总体布局的“战略纲领”，它指明了村镇用地的发展方向、范围，规定各村镇的功能组织与用地的布局形态。因此，它对于村镇的建设与发展将产生深远的影响，无疑是极为重要的。

按照村镇特点，村镇用地规划组织结构的基本原则应具备如下“三性”的要求：

（1）紧凑性

村镇规模有限，用地范围不大。如以步行的限度（如距离为 2km 或时间半小时之内）为标准，用地面积约 1～4km^2，可容纳 1 万～5 万人口，无需大量公共交通。对村镇来说，根本不存在城市集中布局的弊病，相反，这样的规模对完善公共服务设施、降低工程造价是有利的。因此，只要地形条件允许，村镇应该尽量以旧镇为基础，由里向外，集中连片发展。

（2）完整性

“麻雀虽小，五脏俱全”，村镇虽小也必须保持用地规划组织结构的完整性。更为重要的是要保持不同发展阶段的组织结构的完整性，以适应村镇发展的延续性。正如任何生物的成长一样，只要是正常、健康的发育生长，不论何时，其机体结构都会保持完整，村镇亦同是这样。因此，合理布局不仅是指达到某一规划期限时是合理的、完整的，而应该在发展的过程中都是合理的、完整的。只有这样才能够保证规划期限目标的合理与完整，也就是说，只有保持阶段组织的相对完整性，才能达到最终期限的完整性。

（3）弹性

由于进行村镇规划所具备的条件不一定十分充分，而形势又迫使我们不得不进行这项工作，再加上规划期限的规定本身就是主观决定的，在这期限内，可变因素、未预料因素均在所难免，因此，必须在规划用地组织结构上赋予一定“弹性”。所谓“弹性”，可以在两方面加以考虑：其一，是给予组织结构以开敞性，即用地组织形式不要封死，在布局形态上留有出路；其二，是在用地面积上留有余地。

紧凑性、完整性、弹性是在考虑村镇规划组织结构时必须同时达到的要求。它们三者并不矛盾，而是互为补充的。通过它们共同的作用，因地制宜地形成在空间上、时间上都协调平衡的村镇规划组织结构形式，这样的结构形式既是统一的，又是有个性的。因此，它将能够担负起村镇发展与建设的战略指导作用。

2. 村镇用地的功能分区

村镇用地的功能分区过程亦是村镇用地功能组织的过程，它是村镇规划总体布局的核心问题。村镇活动概括起来主要有工作、居住、交通、休息四个方面。为了满足村镇上述各项活动的要求，就必须有相应的不同功能的村镇用地。它们之间，有的有联系，有的有依赖，有的则有干扰与矛盾。因此，必须按照各类用地的功能要求以及相互之间的关系加以组织，使之成为一个协调的有机整体。

村镇在建设中，由于历史的、主观的、客观的多种原因，造成用地布局的混乱现象比较普遍，其根本原因是没有按其用地的功能进行合理的组织。因此，在村镇规划布局时，必须明确对用地功能组织的指导思想，以及遵从村镇用地功能分区的原则。

（1）村镇用地功能组织必须以提高村镇的用地经济效益为目标

过去，有些村镇由于片面强调农业生产，提出村镇建设“一分农田也不能占”，而迫使村镇建设用地成为“无米之炊”，搞“见缝插针”或“非农田便建”，基本上不考虑功能的分区和合理组织，以致形成了村镇内拥挤混杂、村镇外分散零乱的村镇总体布局，大大降低了村镇的经济效益。另外，有些村镇存在着圈大院，搞大马路、大广场，低层低密度的现象，浪费了大量的村镇建设用地，同样也降低了村镇用地的经济效益。因此，在村镇总体规划用地布局时，必须同时防止以上两种倾向，应该以满足合理的功能分区组织为前提，进行科学地用地布局。

（2）有利生产和方便生活

把功能接近的紧靠布置，功能矛盾的相间布置，搭配协调，便于组织生产协作，使货源、能源得到合理利用，节约能源，降低成本，为安排好供电、上下水、通信、交通运输等基础设施创造条件。这样使各项用地合理组织、紧凑集中，以达到既能节省用地，缩短道路和管线工程长度，又能达到方便交通、减少建设资金的目的。另外，由于乡镇是一定区域内的物资交流中心，保证物资交换通畅也是发展生产、繁荣经济不可缺少的环节。因此，在用地功能组织时也要给予考虑。

（3）村镇各项用地组成部分要力求完整，避免穿插

若将不同功能的用地混在一起，容易造成彼此干扰。布置时可以合理利用各种有利的地形地貌、道路河网、河流绿地等，合理地划分各区，使各部分面积适当，功能明确。

（4）村镇功能分区，应对旧村镇的布局，采取合理调整，逐步改造完善。

（5）镇布局要十分注意环境保护的要求，并要满足卫生防疫、防火、安全等要求。

要使居住、公建用地不受生产设施、饲养、工副业用地的废水污染，不受臭气和烟尘侵袭，不受噪声的骚扰，使水源不受污染。总之，要有利于环境保护。

（6）在村镇规划的功能分区中，要反对从形式出发，追求图面上的“平衡”

村镇是一个有机的综合体，生搬硬套、臆想的方案是不能解决问题的，必须结合各地村镇的具体情况，因地制宜地探求切合实际的用地布局和恰当的功能分区。

2.2.4 村镇的发展与布局形态

1. 村镇的发展与总体规划布局

在进行村镇总体规划布局时，不仅要确定村镇在规划期内的布局，还必须研

究村镇未来的发展方向和发展方式。这其中包括生产区、住宅区、休息区、公共中心以及交通运输系统等的发展方式。有些村镇，尤其是在资源、交通运输等诸方面的社会经济和建设条件较好的村镇发展十分迅速，往往在规划期满以前就达到了规划规模，不得不重新制定布局方案。在很多情况下，如果开始布局时对村镇发展考虑不足，要解决发展过程中存在的上述问题就会十分困难。不少村镇在开始阶段组织得比较合理，但在发展过程中，这种合理性又逐渐丧失，甚至出现混乱。概括起来，村镇发展过程中经常出现以下问题：

（1）生产用地和居住用地发展不平衡，使居住区条件恶化或者发展方向相反，增加客流时间的消耗。

（2）各种用地功能不清、相互穿插，既不方便生产也不便于生活。

（3）对发展用地预留不足或对发展用地的占用控制不力，妨碍了村镇的进一步发展。

（4）绿化、街道和公共建筑分布不成系统，按原规划形成的村镇中心，在村镇发展后转移到了新的建镇区的边缘，因而不得不重新组织新的村镇公共中心，分散了建设资金，影响了村镇的正常建设发展。

这些问题产生的主要原因是对村镇远期发展水平的预测重视不够，对客观发展趋势估计不足，或者是对促进村镇发展的社会经济条件等分析不够、根据不足，因而出现评价和规划决策失误。

为了能够正确地把握村镇的发展问题，科学地规划乡（镇）域至关重要，它能为村镇发展提供比较可靠的经济数据，也有可能确定村镇发展的总方向和主要发展阶段。但是，实践证明，村镇在发展过程中也会出现一些难以预见的变化，甚至出现村镇性质改变这样重大的变化，这就要求总体规划布局应该具有适应这种变化的能力，在考虑村镇的发展方式和布局形态时结合上一层次的规划进行认真、深入、细致的研究。

2. 村镇的用地布局形态

村镇的形成与发展，受政治、经济、文化、社会及自然因素所制约，有其自身的、内在的客观规律。村镇在其形成与发展中，由于内部结构的不断变化，从而逐步导致其外部形态的差异，形成一定的结构形态。结构通过形态来表现，形态则由结构而产生，结构和形态二者是互有联系、互有影响、不可分割的整体。

而常言的布局形态含有结构与布局的内容，所以又称之为布局形态。研究村镇布局形态的目的，就是企望根据村镇形成和发展的客观规律，找出村镇内部各组成部分之间的内在联系和外部关系，求得村镇各类用地具有协调的、动态的关系，以构成村镇的良好空间环境，促进村镇合理发展。

村镇形态构成要素为：公共中心系统、交通干道系统及村镇各项功能活动。公共中心系统是村镇中各项活动的主导，是交通系统的枢纽和目标，它同样影响着村镇各项功能活动的分布。而村镇各项功能活动也给公共中心系统以相应的反馈。二者通过交通系统，使村镇成为一个相互协调的、有生命力的有机整体。因此，村镇形态的这三种主要的构成要素，相互依存，相互制约，相互促进，构成了村镇平面几何形态的基本特征。

对于村镇的布局形态，从村镇结构层次来看可以分为三圈：第一圈是商业服务中心，一般兼有文化活动中心或行政中心；第二圈是生活居住中心，有些尚有部分生产活动内容；第三圈是生产活动中心，也有部分生活居住的内容。这种结构层次所表现出来的形态大体有圆块状（图 2-10）、弧条状（图 2-11）、星指状（图 2-12）三种。

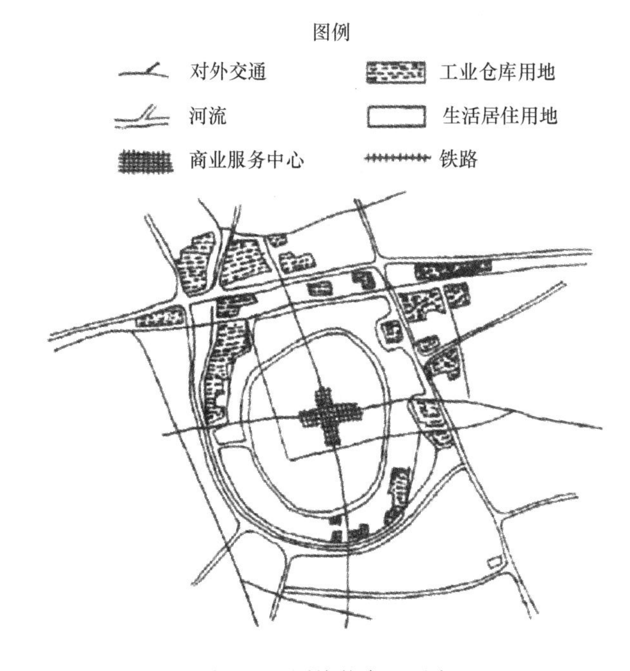

图 2-10 圆块状布局形态

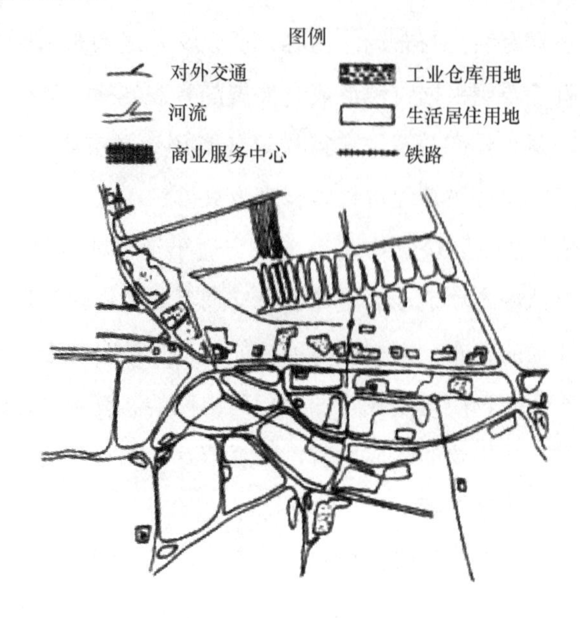

图 2-11 弧条状布局形态

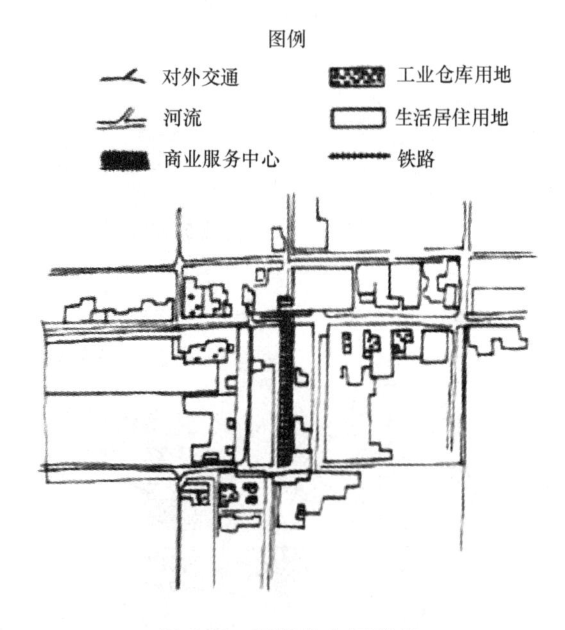

图 2-12 星指状布局形态

（1）圆块状布局形态

生产用地与生活用地之间的相互关系比较好，商业和文化服务中心的位置较为适中。

（2）弧条状布局形态

这种村镇用地布局往往受到自然地形限制而形成，或者是由于交通条件如沿河、沿公路的吸引而形成，它的矛盾是纵向交通组织以及用地功能的组织，要加强纵向道路的布局，至少要有两条贯穿城区的纵向道路，并把过境交通引向外围通过。

在用地的发展方向上，应尽量防止再向纵向延伸，最好在横向利用一些坡地作适当发展。用地组织方面，尽量按照生产—生活结合的原则，将纵向狭长用地分为若干段（片），建立一定规模的公共中心。

（3）星指状布局形态

该种形式一般都是由内而外地发展，并向不同方向延伸而形成。在发展过程中要注意各类用地合理功能分区，不要形成相互包围的局面。这种布局的特点是村镇发展具有较好的弹性，内外关系比较合理。

3. 村镇的发展方式

村镇的发展方式，不仅受周围地形、资源、运输条件以及上述影响村镇布局形态的其他因素的制约，而且同村镇的发展速度有关。村镇的发展方式归纳起来，大体有以下几种形式：

（1）由分散向集中发展，联成一体

在几个邻近的居民点之间，如果劳动联系和生产联系比较紧密，经常会形成行政联合。在此基础上，通过规划手段加以引导和处理，使之联成一体，就可能组成一个完整的村镇。其发展方式可考虑以某一规模较大、基础设施较好的居民点为中心，组成新村镇（图 2-13）。

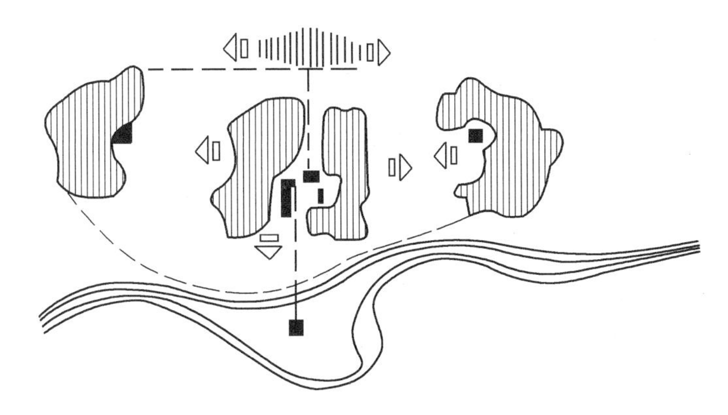

图 2-13　分散向集中发展的发展方式

（2）集中紧凑连片发展

连片发展是集中式布局的发展方式。集中式布局是在自然条件允许、村镇企业生产符合环境保护的情况下，将村镇的各类主要用地，如生产、居住、公建、绿地集中连片布置。其优点是用地紧凑，便于行政领导和管理，也便于集中设置较完善的公共福利设施，方便居民生活，并且可节省各种工程管线和基础设施的投资。由于集中布局具有较多的优点，所以是村镇应该尽可能采用的布局形态，以现有的村镇为基础，逐步向一个或几个方向连片发展，是实现集中布局的主要发展方式（图 2-14）。

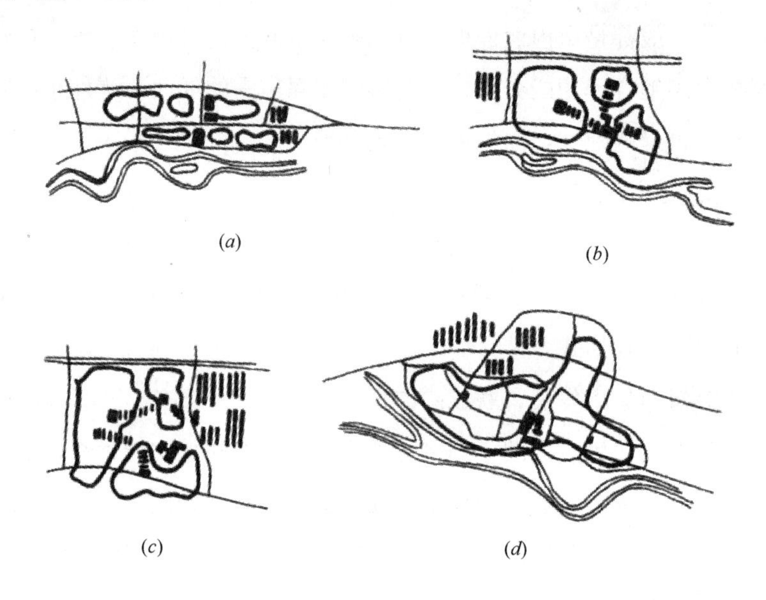

图 2-14 集中紧凑连片发展方式

（3）成组成团分片发展

与集中式的布局相反，有一部分村镇呈现出分散的布局形态（图 2-15）。

造成村镇分散的原因，主要是资源分布较分散，交通干线分隔，或者是受自然地形条件所限。分散布局的形态，其较理想的形式是生产、生活配套，成组成团的布局。当然也有生产区集中、生活区分散或生活集中、生产区分散的布局。一般来说，村镇的人口规模较小，如果分散布局会出现许多问题，彼此联系不方便，也不易集中一批公共建筑形成村镇公共中心；增加村镇的吸引力，且市政设施的投资也会高于其他的布局方式。所以，一般要避免采用这种发展方式。当必

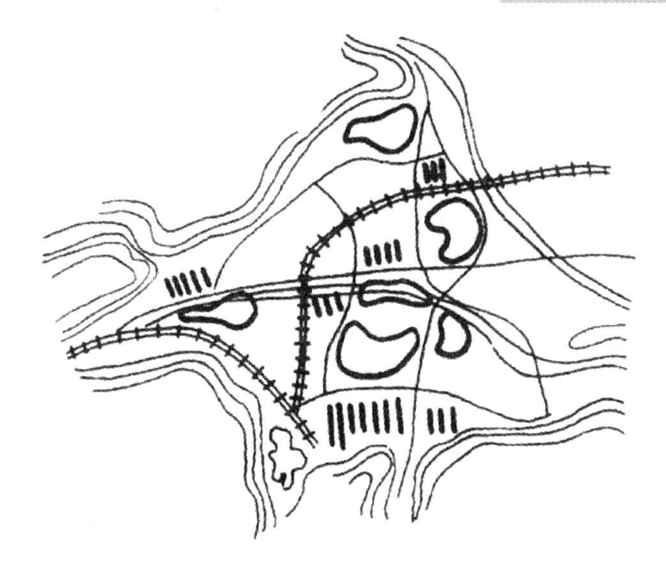

图 2-15　成组成团分片发展方式

须采用分散式的布局形态而分片发展时，则应该注意解决以下一些问题：①要使各组团的劳动场所和居民区成比例地发展；②各组团要构成相对独立、能供应居民基本生活需要的公共福利中心；③解决好各组团之间的交通联系；④解决好村镇建筑和规划的统一性问题，克服由于用地零散而引起的困难。

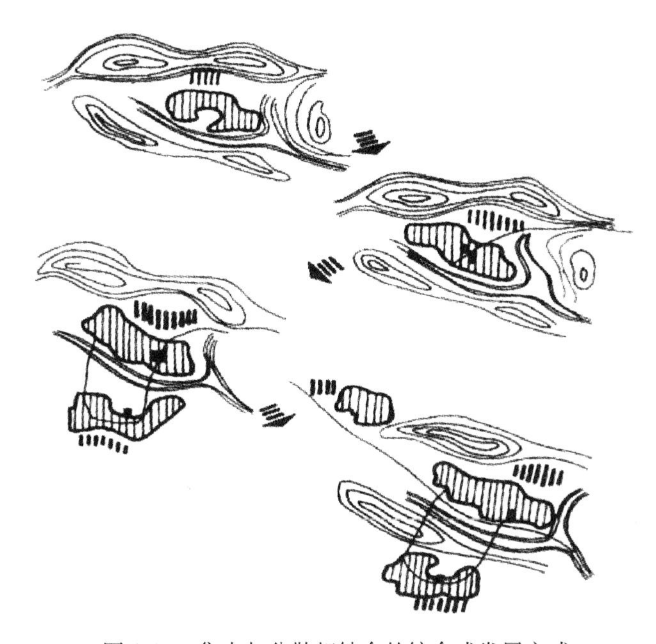

图 2-16　集中与分散相结合的综合式发展方式

（4）集中与分散相结合的综合式发展

在多数情况下，以遵循综合式发展的途径比较合理。这是因为在村镇用地扩大和各功能区发展的初期，为了充分利用旧城区原有设施，尽快形成村镇面貌，规划布局以连片式为宜。但发展到一定阶段，或者是村镇企业发展方向有较大的改变，某些工业不宜布置在城区，或者是受地形条件限制，发展备用地已经用尽，则应着手进行开拓新区的准备工作，以便当村镇进一步发展时建立新区，构成以旧城区为中心，由一个或若干个组团式居民点组成的村镇群（图 2-16）。

农村住宅建筑 3

3.1 我国农村住宅建设现状

我国70%以上的人口居住在农村。解决好农村住宅建设，对解决“三农”问题无疑具有重大的意义。农村住宅的建设，不仅关系到广大农民居住条件的改善，而且对于发展农村经济、节约土地、节约能源等都具有十分重要的意义。

经过多年的改革和发展，我国农村经济、社会发展水平日益提高，农村面貌发生了历史性的巨大变化。农村的经济实力和聚集效应增强，住宅建设也随之蓬勃发展，基础设施和公共设施也日益完善。全国各地涌现了一大批各具特色、欣欣向荣的新型农村。农村住宅的建设，在国家经济发展大局中的地位和作用不断提升，形势十分喜人。

近年来我国平均住宅建设量在6.5亿m^2左右，人均住宅建筑面积增长了6.8%，楼房所占比例增长了2.8个百分点。我国农村的村庄社会组织结构和空间也出现了“三减一增”的变化，即村庄人口总数、行政村数量和自然村数量逐步减少，2004年比2000年分别下降了1700万人、5.6万个行政村和27.4万个自然村（年平均减少6.8万多个），而村庄平均人口规模不断增加。到2004年底，全国共有320.7万个村庄，其中行政村63.4万个，居住生活着2.05亿户、7.95亿人。由于长期受城乡二元社会结构的影响，重城市轻农村的倾向尚未根本转变，各级政府履行农村规划、设计和管理的职能尚未到位，公共财政也尚未能覆盖农村的公共设施建设和维护，使得绝大部分农村的建设还比较落后，人居环境质量仍然不容乐观。

3.2 当前农村住宅建设存在的问题

农村住宅建设在我国有着悠久的历史和优良的传统，具有许多鲜明的特点：使用功能既方便生活又有利于家庭副业生产；建筑室内外活动密切相联；空间组合富于变化；建筑选材特别体现了因地制宜、就地取材、因材致用的原则；受气候条件和当地民情风俗以及传统观念的影响较深；施工技术受地方传统工艺的影响较大等。

改革开放以来，我国农村发生了历史性的变化。农村经济迅速发展。随着经济改革的不断深化，农村产业结构也发生了巨大的变化，生产方式和生活方式也随之不断深化，农民的收入不断增加，不仅新建的农村住宅数量大幅度增加，质量也有很大的提高，旧有的房屋要逐步淘汰，即使新建的农村住宅，有些富裕的农村也会感到不适应需要，而要求进行更新改造。总地来看，住宅建设的热潮方兴未艾，一浪高过一浪，不仅在数量上持续增长，而且还会持续相当时期，同时已开始从量变向质变过渡，不管是旧村改造或是新村建设也都开始更多地重视以科学技术来装备，提高住宅的功能质量和人居空间的环境质量。

由于我国地域辽阔，经济发展水平极不均衡，再加上各地民情风俗的差异，农村住宅的建设水平相差甚远，更由于农村住宅建设的资金来源、建设方式等的特殊性，使得对其极难控制。农村住宅的建设中尚存在着不少问题：

1. 分散建设，杂乱无章

尽管各地都根据要求进行了总体规划，但由于种种原因未能按照总体规划进行深入地详细规划，也未能对住区的建设进行修建性的详细规划。再加上长期以来，在农村住宅建设中，农民拿到批地手续，便自行建造，建设极其分散。尤其在一些经济比较发达的地区，各自为政，任凭缺乏科学知识的民间“风水先生”泛滥，导致住宅建设毫无秩序。甚至在批准的用地范围内，不能多占地就多占空间，拼命地增加层数，使得住宅间距十分狭小，家家底下一二层终年不见太阳，入门开灯；户户山墙间距多者 1～2m、少者不足 50cm，成为不便清扫的垃圾场和臭水沟。从而造成犬牙交错、杂乱无章、新房旧貌。

2. 大而不当，使用不便

正由于住宅建设存在着严重的盲目性，严重缺乏科学技术的支持，再加上互相攀比，因而造成农村住宅普遍存在着高、大、空的弊端，这在经济比较发达地区尤为严重。不少地方存在着底层养猪、顶层养耗子，中间住人的现象，具体表现在：

（1）功能不全，空间混杂；

（2）受结构体系的约束太大，难能适应急剧发展的需要。特别是由于目前多数仍为承重砖混结构体系。各种空间均以承重墙分隔，过于独立，缺乏灵活性和适应性。难能组织各种不同要求的活动空间；

（3）空间变化少，缺乏生活情趣，家居气息不浓；

（4）设施不全，给生活带来不便；

（5）平面和空间组织不合理，未能充分利用自然环境；

（6）造型或单调乏味，或矫揉造作。要么简单地堆砌，毫不考虑建筑造型，四周平平的墙面单调乏味；要么乱抄乱仿，不伦不类，既缺乏乡土气息，又毫无章法。

3. 适应性差，反复建设

受结构体系以及人们旧思想意识的影响，及对经济发展和科学进步缺乏认识，预见性极差。因此，住宅建设跟不上变化，造成拆了建，建了拆。在经济状况比较好的农村，不少农民在20年间翻建了3～5次新房，使得本可以用作生产投入和改善生活质量的资金无休止地用于建房。

随着经济的迅速发展，农村建房的周期不断缩短，既造成资金上的浪费又影响经济的发展。

4. 滥用土地，耗能费材

由于受种种旧观念意识的影响，滥用土地，耗能费材的现象时有发生。一是出现建新房，弃旧房，一户多宅，农村住宅建设重复占地现象十分严重；二是大量存在“空心村”现象；三是规划设计粗放，出现空闲和荒地，土地资源利用不充分；四是仍然大量沿用实心黏土砖建房，造成大量毁田，耗费能源。

5. 设施滞后，环境恶劣

除了一些经济比较发达的地区，在新村建设中能够坚持统一规划、统一建设、统一管理，并由集体投资修建农村的基础设施外，绝大部分的农村建设不仅没有解决燃气、电信等现代化的基础设施，甚至连起码的给水、排水、供电都不具备或缺乏，更没有垃圾处理措施。造成道路崎岖、污水四溢、垃圾成堆、蚊蝇猖獗，环境极其恶劣。

6. 质量低劣，影响使用

正因为农村住宅建设严重缺乏技术支持，广大群众也没认识到技术支持的重要性，对设计工作不重视，大量工程都是设计、施工不规范、不严格，即便是规范设计，也由于种种原因而未能真正按照有关标准、规范进行建造。再加上建筑材料和制品质量低劣、建筑施工技术较差，缺乏质量监督。因此，建筑质量一般都较差。在南方不少地方外墙墙厚普遍采用180mm，不但达不到隔热要求，更由于砌筑砖缝难能饱满，造成外墙大量渗水，墙体湿度太大，既影响室内装修，又严重地影响使用。

7. 组织不力，缺乏管理

农村建设管理组织不健全，缺少应有的管理。到处乱拆乱建，一些新建的农村住区，也由于缺乏管理机构，服务设施不健全，没有维修队伍，环境缺乏维护，致使新住宅旁边乱搭乱建，新房变旧房，绿地变成烂草堆。

8. 增收乏力，制约建设

近年来国家实施了一系列惠民政策，促进农村发展，农民增收，但由于农村种养业增收难、产业化带动难、转移性增收难、政策性增收难等多种因素的制约，农民增收依然十分困难，从而成为对新农村建设的重大挑战。

3.3 新农村住宅的设计原则及建设发展趋向

3.3.1 新农村住宅的设计原则

建筑设计的基本原则是安全、适用、经济和美观。这对于农村的住宅设计同样是适合的。安全，就是指住宅必须具有足够的强度、刚度、抗震性和稳定性，满足防火规范和防灾要求，以保证居民的人身财产安全，达到坚固耐久的要求。适用，就是方便居住生活，有利于农业生产和经营，适应不同地区、不同民族的生活习惯需要。包括各种功能空间（房间）的面积大小、院落各组成部分的相互关系，以及采光、通风、御寒、隔热和卫生等设施是否满足生活、生产的需要。

经济，就是指住宅建设应该在因地制宜、就地取材的基础上，合理地布置平面，充分利用室内、室外空间，节约建筑材料，节约用地，节约能源消耗，降低住宅造价。美观，就是指在安全、适用、经济的原则下，弘扬传统民族文化，力求简洁、明快、大方，创造与环境相协调，具有地方特色的新型农村住宅。适当注意住宅内外的装饰，给人美的艺术感受。

新农村住宅量大面广。由于使用功能上的要求，与大自然相协调的需要，建设以二三层为主的低层住宅应是新农村住宅发展的主流，这也是新农村住宅的研究重点。对于人少地多的东北、西北等地，可建设一些与生产紧密结合的平房农宅；对于向第二三产业转型的新农村，则应鼓励建设多层的公寓式住宅。

新农村住宅的设计原则：

（1）应以满足新农村不同层次的农民家居生活和生产的需求为依据。一切从住户舒适的生活和生产需要出发，充分保证新农村家居文明的实现。

（2）应能适应当地的居住水平和生产发展的需要，并具有一定的超前意识和可持续发展的意识。

（3）努力提高新农村住宅的功能质量，合理组织齐全的功能空间，提高其专用程度。实现动静分离、公私分离、洁污分离、食居分离、居寝分离。充分体现出新农村住宅的适居性、舒适性和安全性。

（4）在充分考虑当地自然条件、民情风俗和居住发展需要的情况下，努力改进结构体系，突破落后的建造技术，以实现新农村住宅设计的灵活性、多样性、适应性和可改性。

（5）各功能空间的设计应考虑采用按照国家制定的统一模数和各项标准化措施所开发、推广运用的各种家用设备产品。

（6）新农村住宅的平面布局和立面造型应能反映新农村住宅的特点，并具有时代风貌和富有乡土气息。

3.3.2　新农村住宅的建设发展趋向

改革开放以来，全国农村住宅建设量每年均保持6.5亿m^2的水平递增，房屋质量稳步提高，楼房在当年的新增住宅中所占比例逐步增长。住宅内部设施日益配套，功能趋于合理，内外装修水平提高。一批功能比较完善、设施比较齐全、安全卫生、设计新颖的新型农村住宅相继建设起来。但从总体上来看，现在全国农村住宅的建设在功能、施工质量以及与自然景观、人文景观、生态环境等方面的相互协调程度，都还有待进一步完善和提高。

当前，有些地方一味追求大面积、楼层高和装饰的“现代化”，也有个别地方认为新农村住宅应该是简单的粗放设计。这些不良的倾向应引起各界的充分重视。要从实际出发，加强政策上和技术上的引导，引导农民在完善住宅功能质量上下功夫；要充分考虑我国人多地少的特点，对农村住宅主要应从现有住宅的改造入手；对于新建的农村住宅应引导从分散到适当的集中建设，合理规划、合理布局、合理建设；应严格控制，尽量少建低层独立式住宅，提倡和推广采用并联式、联排式和组合的院落式低层住宅，在具备条件的农村要提倡发展多层公寓式住宅；要引导农民了解住宅空间卫生条件的基本要求，合理选择层高和住宅的间距；要引导农民重视人居环境的基本要求，合理布局，选择适合当地特色的建筑造型；要引导农民因地制宜，就地取材，进行适当的装修。总之，要引导农民统筹考虑农村长远发展及农民个人的利益与需求。还要特别重视自然景观和人文景观等生态环境的保护和建设，以确保农村经济、社会、环境和文化的可持续发展。努力提高农村住宅的功能质量，为广大农民群众创造居住生活、生产方便和整洁清新的温馨家居环境，使我国广大的农村都能建成独具特色、各放异彩的社会主义新农村。

3.4　新农村住宅的分类

新农村住宅的分类大致上可以按住宅的层数、结构形式、庭院的分布形式、平面的组合形式、空间类型以及使用特点等进行分类。本书简要介绍几种常见类型。

3.4.1　按住宅的层数分类

（1）平房住宅

传统的农村住宅多为平房住宅（图 3-1），随着经济的发展，技术的进步，改善人居环境已成为广大农民群众的迫切要求，但由于受经济条件的制约，近期新农村住宅建设仍应以注重改善传统农村住宅的人居环境为主。在经济条件允许的情况下，为了节约土地，不应提倡平房住宅。只是在一些边远的山区或地多人少的地区，仍适合单层的平房住宅，但也应有现代化的设计理念。

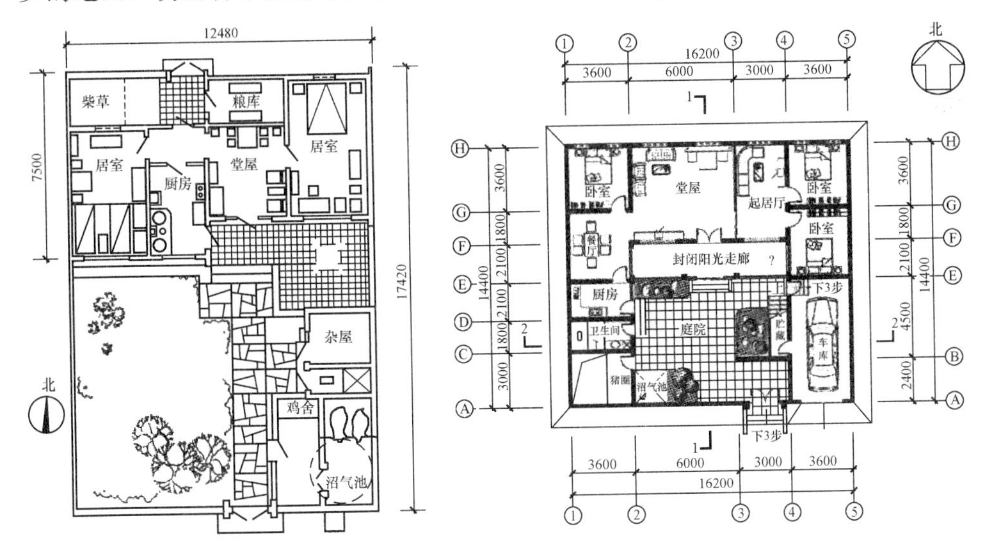

图 3-1 农村平房住宅

（2）低层住宅

三层以下的住宅称为低层住宅，是新农村住宅的主要类型。它又可分为二层住宅（图 3-2）或三层住宅。

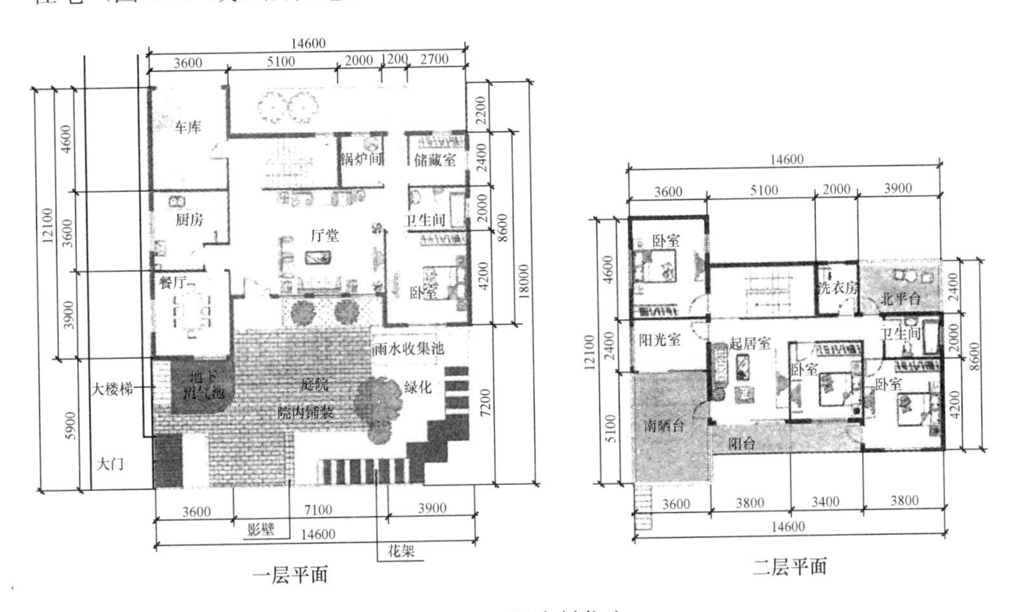

图 3-2 二层农村住宅

（3）多层住宅

四层以上六层以下的称为多层住宅。在新农村建设中常用的为四或五层的住宅。

3.4.2 按结构形式分类

可用作新农村住宅的结构有很多，大致可分为：

（1）木结构与木质结构

木结构和木质结构是以木材和木质材料为主要承重结构和围护结构的建筑。木结构是中国传统民居（尤其是农村住宅）广为采用的主要结构形式（图 3-3），但由于种种原因，森林资源遭到乱砍滥伐，造成水土流失，木材严重奇缺，木结构建筑从 20 世纪 50 年代末便开始受到限制。但由于资源情况和国情的差异，木结构建筑在一些国家推广应用却十分迅速，尤其是加拿大、美国、新西兰、日本和北欧的一些国家，不仅木结构广为应用，而且十分重视以人工速生林、次生林和木质纤维为主要材料的集成材料的应用，各种作物秸秆的木质材料也得到迅速发展。我国在这方面的研究，也已急起直追，取得了可喜的成果。这将为木质结构的推广创造必不可少的基本条件。木质结构尤其是生物秸秆木质材料结构，由于大量采用农村中的作物秸秆，变废为宝，在新农村住宅中应用具有重要的特殊意义，发展前景好。

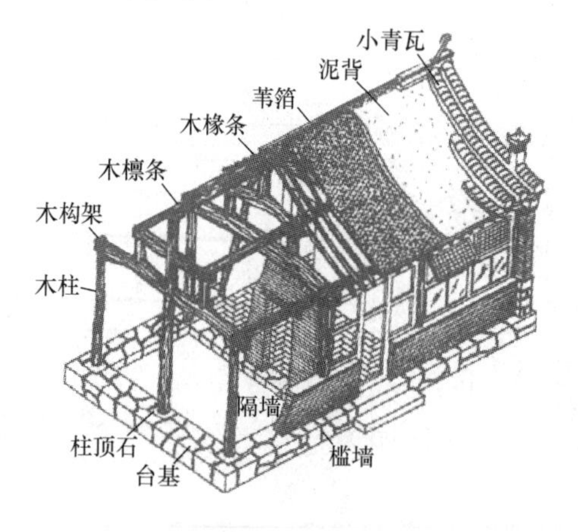

图 3-3 农村木结构住宅

（2）砖木结构

砖木结构是以木构架为承重结构，以砖为围护结构或者是以砖柱、砖墙承重的木屋架结构。这在传统的民居中应用也十分广泛。

(3) 砖混结构

主要由砖（石）和钢筋混凝土组成。其结构由砖（石）墙或柱为垂直承重构件，承受垂直荷载，而用钢筋混凝土做楼板、梁、过梁、屋面等横向（水平）承重构件搁置在砖（石）墙或柱上（图 3-4）。这是目前我国农村住宅中最为常用的结构。

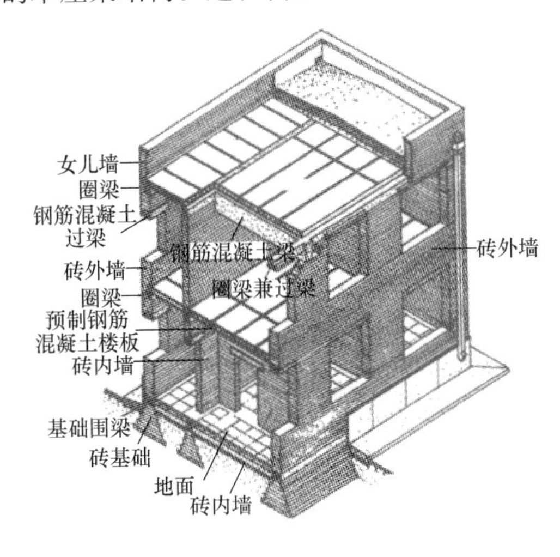

图 3-4 砖混结构

(4) 框架结构

框架结构就是由梁柱作为主要构件组成住宅的骨架。它除了上面已单独介绍的木结构和木质结构外，目前在新农村住宅建设中常用的还有钢筋混凝土结构（图 3-5）和轻钢结构。

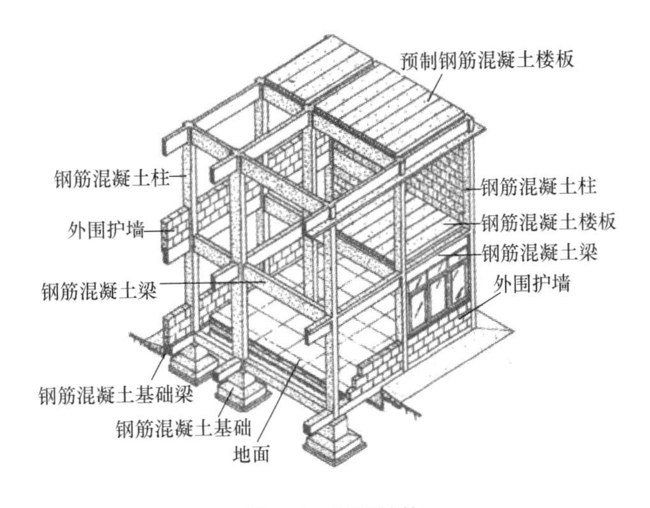

图 3-5 框架结构

3.4.3 按庭院的分布形式分类

庭院是中国传统民居最富独特魅力的组成部分。梁思成先生在所著《中国建筑史》一书中写道："庭院是中国古代建筑的灵魂。"庭院也称院落，在中国传统建筑中之所以处于至高无上的地位，主要源于"天人合一"的哲学思想，体现了人们对于原生环境的一种依恋和渴求。随着经济的飞速发展，过度追求经济效益，造成人们对生态环境的冷漠和严重破坏，加上宅基地的限制，使得住宅建筑过分强调建筑面积，建筑几乎盖满了全部的宅基地，不但缺乏了传统建筑中房前屋后的院落空间，天井内院更是被完全忽略和遗弃。

通过对中国传统民居文化的深入探索和研究，庭院布置受到普遍的重视，在新农村住宅设计中，出现了前庭、后院、侧院、前庭后院等多种庭院的布置形式。近些年来，随着研究的深入，借鉴传统民居中天井内庭对住宅采光和自然通风的改善作用，运用现代技术对天井进行改进，充分利用带有可开启的活动玻璃天窗的阳光内庭，使天井内庭能更有效地适应季节的变化，在解决建筑采光、通风、调节温湿度的同时，还能实现建筑节能。

由于各地自然地理条件、气候条件、生活习惯相差较大。因此，合理选择院落的形式，主要应从当地生活特点和习惯去考虑。一般分以下五种形式。

（1）前院式（南院式）

庭院一般布置在住房南向，优点是避风向阳，适宜家禽、家畜饲养。缺点是生活院与杂物院混在一起，环境卫生条件较差。一般北方地区采用较多，如图3-6所示。

（2）后院式（北院式）

庭院布置在住房的北向，优点是住房朝向好，院落比较隐蔽和阴凉，适宜炎热地区进行家庭副业生产，前后交通方便。缺点是住房易受室外干扰。一般南方地区采用较多，如图3-7所示。

（3）前后院式

庭院被住房分隔为前后两部分，形成生活和杂务活动的场所。南向院子多为生活院子，北向院子为杂物和饲养场所。优点是功能分区明确，使用方便，清洁、卫生、安静。一般适合在宅基地宽度较窄、进深较长的住宅平面布置中使用，如图3-8所示。

（4）侧院式

庭院被分割成两部分，即生活院和杂物院，一般分别设在住房前面和一侧，

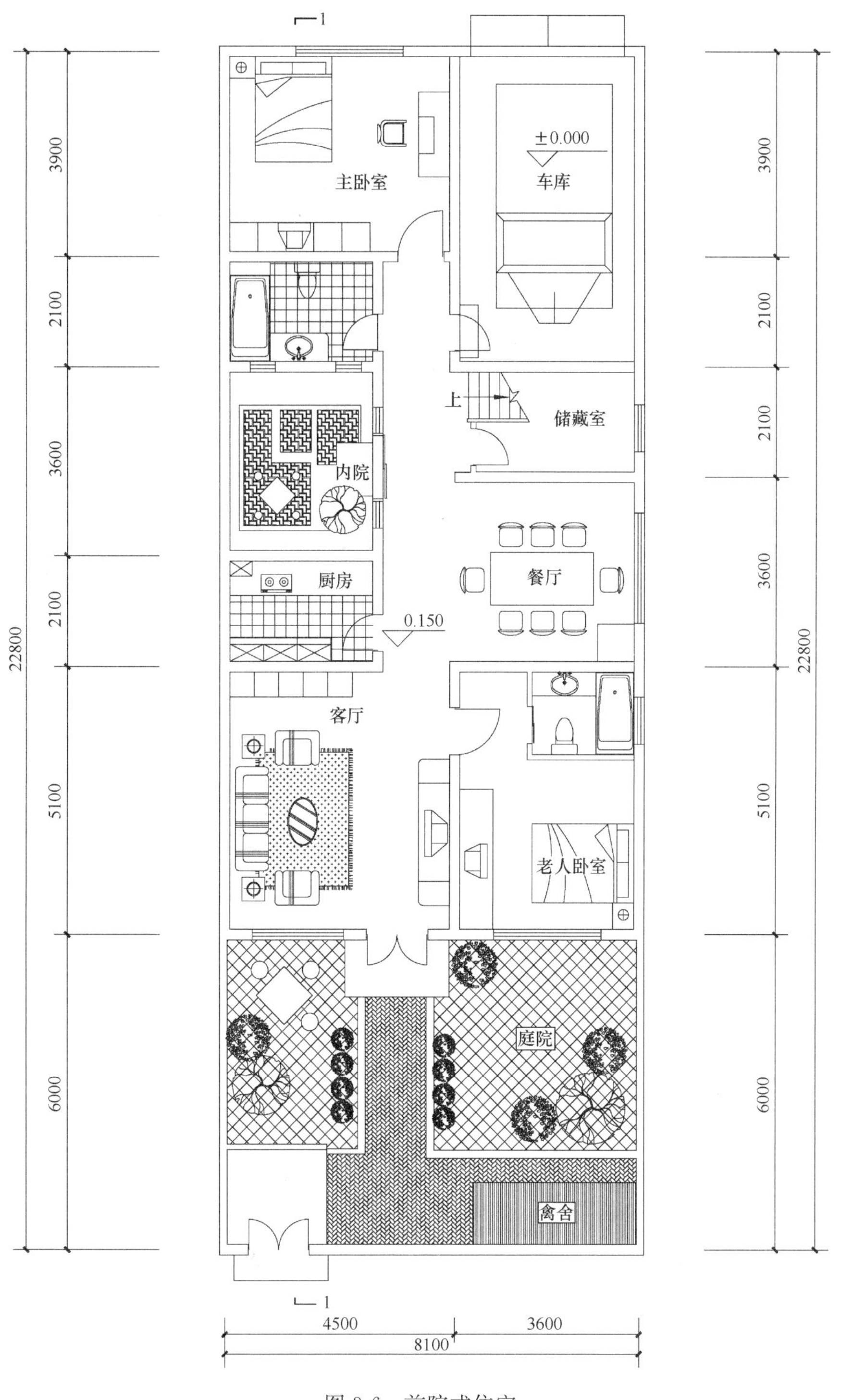
1
3900
2100
3600
2100
5100
6000
22800
主卧室
车库
±0.000
上
储藏室
内院
餐厅
厨房
0.150
客厅
老人卧室
庭院
禽舍
3900
2100
2100
3600
5100
6000
22800
1
4500
3600
8100

图 3-6 前院式住宅

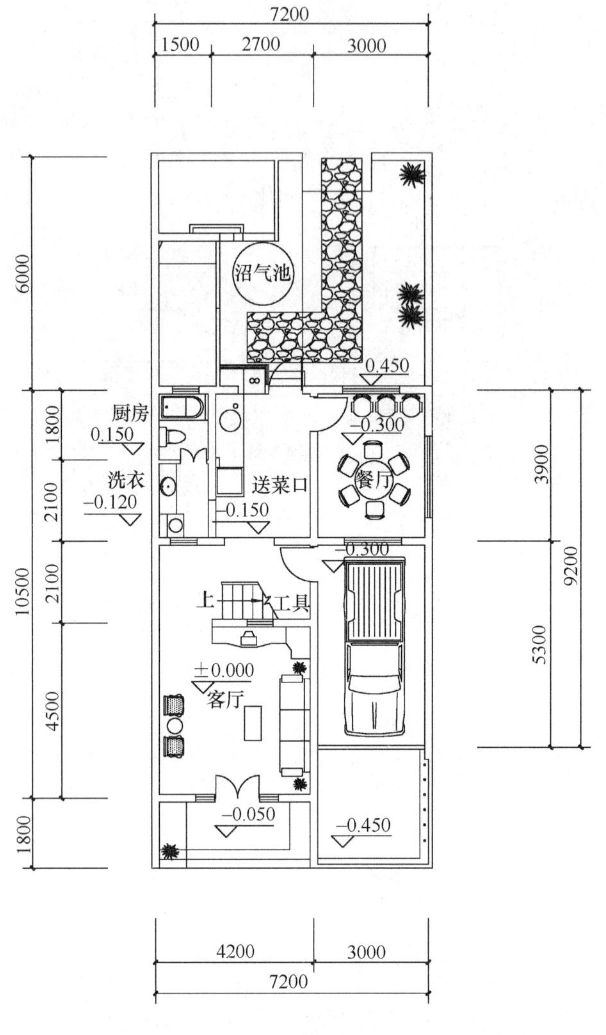

图 3-7 后院式住宅

构成既分割又连通的空间。优点是功能分区明确，院落整洁分明，如图 3-9 所示。

（5）天井式（或称内院式、内庭式、中庭式）

将庭院布置在住宅的中间，它可以为住宅的多个功能空间（即房间）引进阳光，组织气流，调节小气候，是方便老人使用的室外活动场地，可以在冬季享受避风的阳光，也是家庭室外半开放的聚会空间。以天井内庭为中心布置各功能空间，除了可以保证各个空间都能有良好的采光和通风外，天井内庭还是住宅内的

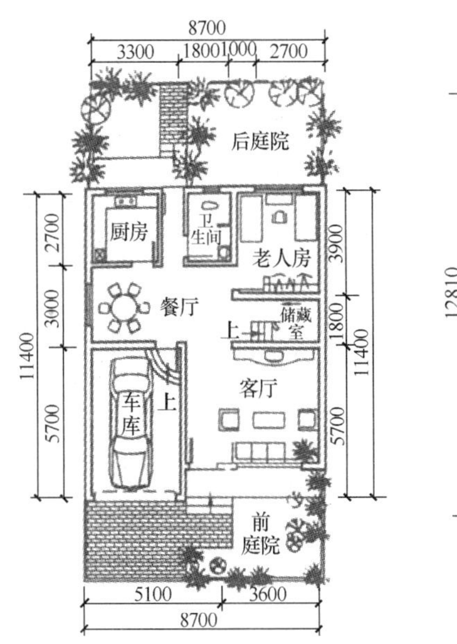

图 3-8 前后院式住宅

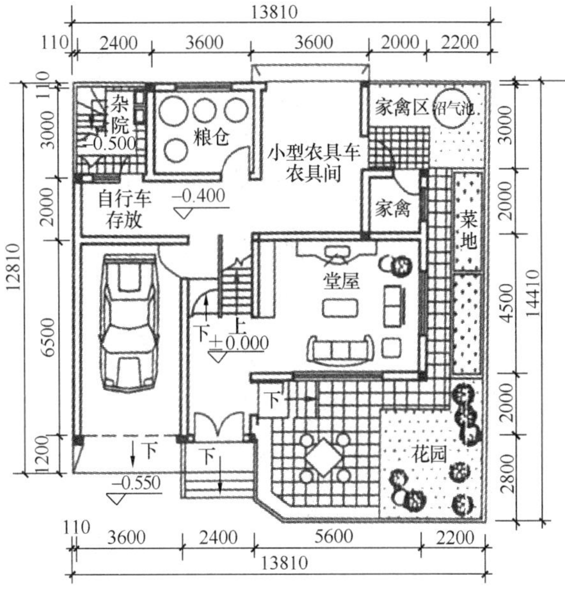

图 3-9 侧院式住宅

绿岛，可适当布置“水绿结合”，以达到水绿相互促进，共同调节室内“小气候”的目的，成为住宅内部会呼吸的“肺”。这种汲取传统民居建筑文化的设计手法，越来越得到重视，布置形式和尺寸大小可根据不同条件和使用要求而变化万千。

3.4.4 按平面的组合形式分类

农村住宅过去多采用独院式的平面组合形式，伴随着经济改革，我国新农村的低层住宅多采用独立式、并联式和联排式。

（1）独立式

独门独院，建筑四面临空，居住条件安静、舒适、宽敞，但需较大的宅基地，且基础设施配置不便，一般应少量采用，如图 3-10 所示。

（2）并联式

由两户并联成一栋房屋。这种布置形式适用南北向胡同，每户可有前后两院，每户均为侧入口，中间山墙可两户合用，基础设施配置方便，对节约建设用地大有好处，如图 3-11 所示。

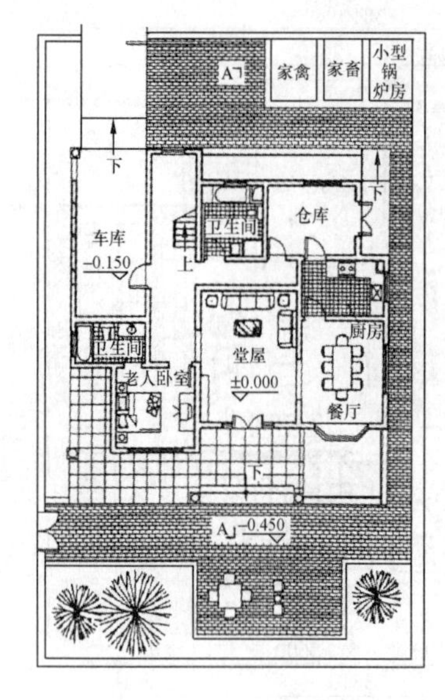

图 3-10 独立式住宅

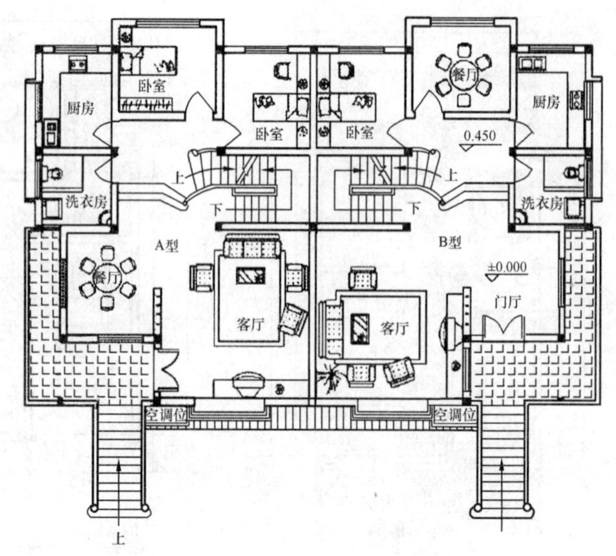

图 3-11 并联式住宅

(3) 联排式

一般由 3～5 户组成一排，不宜太多，当建筑耐火等级为一、二级时，长度超过 100m，或耐火等级为三级长度超过 80m 时应设防火墙，山墙可合用。室外工程管线集中且节省。这种形式的组合也可有前后院，每排有一个东西向胡同，入口为南北两个方向。这种布置方式占地较少，是当前新农村普遍采用的一种形式，如图 3-12 所示。

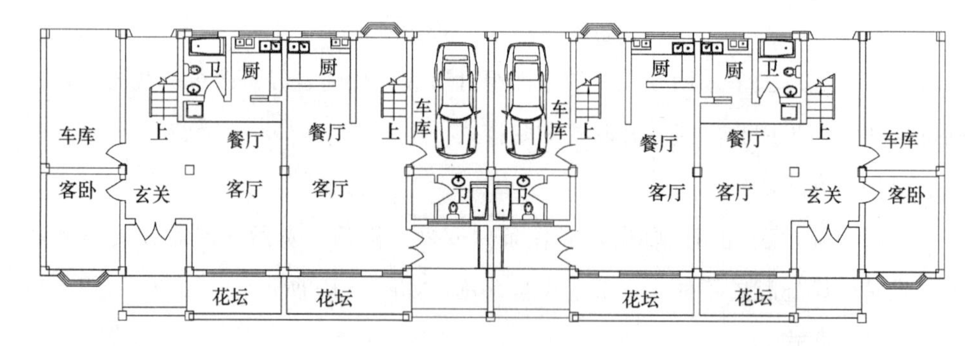

图 3-12 联排式住宅

(4) 院落式

院落式是在汲取合院式传统民居优秀建筑文化的基础上，发展变化而形成的一种新农村住宅平面组合形式。它是联排式和联排式，或联排式和并排式（独立式）组合而成的一组带有人车分离庭院的院落式，具有可为若干住户组成一个不受机动车干扰的邻里交往共享空间和便于管理等特点。在新农村建设中颇有推广意义（图 3-13）。

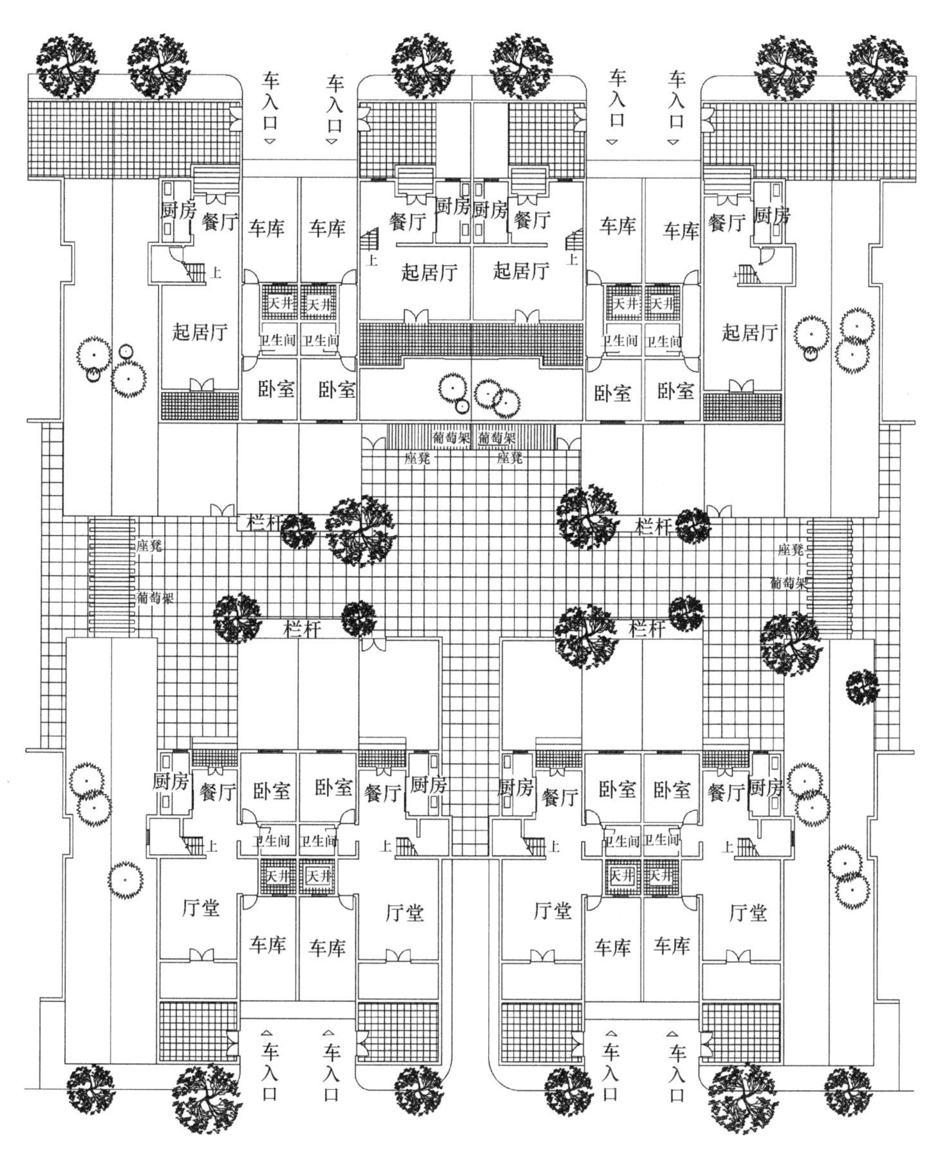

图 3-13 组合院落式住宅

4 节能的新村选址及规划布局模式

4.1 快速城镇化过程中农村规划建设需求的变化

我国是个农业大国，农村人口大约占全国总人口数的70%，农民的平均生活水平在全国处于最低阶层。农业、农村、农民问题就是目前我国亟须解决的问题。经过改革开放30多年的发展，我国农村小城镇建设取得了举世瞩目的成就，已经成为中国社会发生巨大变化的重要标志之一。1982～1986年，中央对农村改革和农业发展作出具体部署，连续五年发布以农业、农村和农民为主题的中央一号文件。这些文件和政策的出台不同程度地促进了农村经济社会的发展，但基于工农关系、城乡关系没有根本调整，城乡二元体制没有打破，没能从根本上解决农业、农村、农民问题。1998年中央提出“小城镇、大战略”的发展方针之后，全国各地更加呈现出蓬勃发展的态势，建成了一大批规划比较合理、设施比较齐全、辐射带动广大农村经济社会发展作用较强的小城镇。

近年来，中央一号文件再次回归农业，胡锦涛总书记于2003年12月30日签署《中共中央、国务院关于促进农民增加收入若干政策的意见》。2004～2009年连续6年发布以“三农”为主题的中央一号文件，强调了“三农”问题在中国的社会主义现代化时期重中之重的地位。中共十六届五中全会提出建设社会主义新农村是我国现代化进程中的重大历史任务，建设社会主义新农村要按照“生产发展、生活宽裕、乡风文明、村容整洁、管理民主”的要求，一是坚持从各地实际出发，尊重农民意愿，扎实稳步推进新农村建设；二是坚持“多予少取放活”，各级政府要加大对农业和农村增加的投入，加强政府对农村的公共服务，建立以工促农、以城带乡的长效机制。搞好乡村建设规划，节约和集约使用土地。

与西方国家相比，我国的资源利用的效率十分低下。有关资料显示，至2013年，我国的GDP占全球GDP的12%，但煤、铁、铝等资源的消耗却占世界的30%以上。在这种世界经济快速发展和全球环境问题日益突出的背景下，十六届五中全会从我国国情出发提出了一项重大决策，建设“资源节约型和环境友好型社会”。“资源节约型”包含：探索集约用地方式；建设循环经济示范区；深化资源价格改革。“环境友好型”包含：建立主体功能区；制定评价指标和生态补偿以及环境约束政策；完善排污权有偿转让交易制度等。国家批准两型社会建设的文件中精神是：以科学发展观为指导，从各自实际出发，推进综合配套改革；改革要以资源节约型和环境友好型社会建设为根本，要大胆创新，要在重点领域、关键环节率先突破；形成的体制机制要有利于能源资源节约和生态环境保护，经济社会发展要与人口、资源、环境相协调；转变经济发展方式，促进经济又好又快发展；走出传统，创新工业化和城市化发展思路，为推动我国的体制改革和科学发展以及和谐社会建设发挥示范和带动作用。

节约资源是建设节约型社会的核心，在节约资源的基础上建立的整个社会经济就是资源节约型社会。人类的生产活动和消费活动与自然生态系统相协调，这种协调关系是可持续发展的，这就是环境友好型社会的核心内涵，人与自然和谐共生的社会形态就是环境友好型社会。社会主义新农村规划建设既要符合“生产发展、生活宽裕、乡风文明、村容整洁、管理民主”的总体要求，更要满足“资源节约型、环境友好型”社会的要求，体现节约土地、水、能源、材料和与自然生态系统协调可持续发展的绿色建筑特色。

我国农村现行的土地利用形式是“责任田＋宅基地”，由于管理薄弱和缺乏宣传教育，许多农民建房只是沿袭传统的粗放型模式，没有“节地、节能、节水、节材、环保”的观念，再加上农村住宅规划缺失和施工方法落后，所以很多农村住宅用地超标，少报多建，建新留旧（造成空心村），占道建房，基础设施不配套，居住环境“脏、乱、差”，住宅功能不全，外观单调，质量差，施工质量问题和安全事故多。住宅的使用寿命短，一经洪水浸泡，成片倒塌，一些农村新房建了一茬又一茬，推倒砖墙垒砖墙，只见新屋、不见新村，只见新村、不见新貌，浪费了农民和社会的财富。

4.1.1 农村产业结构变化

在我国快速城市化地区，从村庄产业结构比例来看，第二产业的比重逐步提高，这固然反映了工业化的阶段特征和产业比较优势的地域分工，但第二产业的这种高比重在国外即使是工业化高峰阶段也是极为罕见的。这种高度硬化的产业结构与当前知识经济背景下产业结构趋于软化的趋势是相左的，因此必须予以改善和调整。

从空间布局来看，村庄内部及周边分布着大大小小多个工业基地，布局分散，缺乏应有的规模，也难以形成经济学概念上的集聚效应。此外，从内在质量看，大规模以上工业企业较少，存在大量的小规模企业。从整体上看，产业的技术档次低、科技含量不高。

我国快速城市化地区的村庄，其第三产业发展与规模庞大、比重偏高、门类较全的工业相比相对不足，在三类产业结构中的比重偏低，并且第三产业多表现为旅馆业、娱乐城、饮食店、发廊及其他简单街道摆卖等，品质较差。此外，第三产业中的上游产业如高端的金融业及保险业在第三产业中所占比例很小，无法形成完善的商业服务体系。

在村庄内部，现有教育设施和容量不能满足村镇人口尤其是日益增加的外来人口的需要，科研活动和综合技术服务业的产值更小。

村庄现行行政管理体制不利于资源的有效共享。目前村庄管理体制主要设有村民委员会，村民委员会下有村民小组。各村民委员会之间形成了一种各自为政的局面，对村庄总体发展、土地利用等方面都带来了一些消极的影响，例如出于自身利益的基础而造成无法在统筹的角度上考虑一些公益性的、基础性的公共设施、基础设施建设，从而影响未来的可持续发展。从村镇两级财政收入的对比来看，也能从一个角度清晰地看到现行行政管理体制在快速发展、建设背景之下的窘迫。

当前，党中央立足全面建设小康社会，构建社会主义和谐社会的战略高度，作出了建设社会主义新农村的战略部署，建设社会主义新农村是新的历史时期的重大任务。要建设生产发展、生活宽裕、乡风文明、村容整洁、管理民主的新农村，发展农村经济是关键。在推进新农村建设中，要始终把发展农村生产力放在第一位；要大力发展现代农业，全面繁荣农村经济，持续增加农民收入；要加快农业科技进步，提高农业装备水平，转变农业增长方式，提高农业综合生产能力；要加快调整农村经济结构，积极推进农业产业化经营，大力发展农村第二、第三产业，千方百计增加农民收入。

4.1.2　农村人口结构变化

1. 从农村人口规模来看。一直以来，我国人口构成都以农村人口为主，农村人口不仅绝对数量大，而且所占比重高。尤其经济社会转型时期，我国的这种人口构成状况对农村乃至整个国民经济发展都具有极为重要的影响。

改革开放以来，我国农村人口总量呈现上升趋势，但是农村人口占全国总人口的比重依然呈现下降趋势，2011年，中国城镇人口达6.91亿，城镇化率首次突破50%关口，达到51.27%，城镇常住人口超过了农村常住人口。这表明中国已经结束了以乡村型社会为主体的时代，开始进入以城市型社会为主体的新的城市时代。

2. 从农村人口的年龄结构来看。按照国际标准，通常采用少儿人口系数、老年人口系数、老化指数和年龄中位数四个指标来判断人口年龄结构类型。

改革开放以来，我国人口年龄结构逐渐向老年型发展，《中国老龄事业发展报告（2013）》。该报告指出，2012年我国老年人口数量达到1.94亿，老龄化水平达到14.3%，2013年老年人口数量突破2亿大关，达到2.02亿，老龄化水平达到14.8%。这种日趋老化的农村人口将给农村经济和社会的发展带来沉重的负担。

3. 从农村人口的教育结构来看。第二次人口普查数据显示，我国农村人口为69458万人，其中文盲人口为23327万人，文盲率超过三成，达到33.5%；具有小学文化程度的人口占40.8%；具有初中文化程度的人口占6.74%。可见，这时期我国人口的受教育程度很低。

改革开放以来，我国农村人口的文化素质有很大提高。初中、高中、中专、大专以上教育程度的农村人口占农村总人口的比重均有所上升，小学和文盲以及半文盲的农村人口占农村总人口的比重有所下降。大专以上教育程度的农村人口占农村总人口的比重从1985年的0.06%上升为2000年的0.48%，小学和文盲以及半文盲的农村人口占农村总人口的比重从1985年的65%下降为2000年的40.30%，下降24.7个百分点。

4. 从农村人口的就业结构来看。改革开放以来，尽管经济结构调整使我国农业人口所占比重有所下降，但仍然较高。从国际经验来看，农村劳动力的产业分布一般遵循农业为主到非农为主的变化规律。1990年以来，我国从事第一产业的农村劳动力占农村总劳动力的比重一直呈现明显下降趋势。而从事第二、第三产业的农村劳动力占农村总劳动力的比重呈现逐渐上升的趋势，这说明，我国农村劳动力也不断向城市转移。

随着城市化进程加速发展，我国快速城市化地区城市用地急剧膨胀，需要通过征收周边农村的土地获得扩展的空间，农村土地逐步被蚕食，许多村民成为仍然是农民户口的“失土农民”，大多从事第二、第三产业。与此同时，位于农村地区的工业、企业等规模不断扩大，大量外来人口涌入，外来人口比重日益增长。庞大的外来人口对村镇经济发展而言，无疑是一支不可忽视的力量。然而由于高比重的外来人员在就业上的竞争性、不确定性，以及无稳定的社会关系和管理机制加以约束，使得村庄人口在整体上呈现流动性强的特征，人口规模及其内在结构变动受到经济发展状况的影响很大。乡村形成了本村人员、外来人员高度集中于第二产业的就业格局，人口的就业流向更为明显地体现出农村工业化的阶段性特征。

5. 从村庄经济整体发展来看。主要是以经济规模的数量扩张为主要特征，与此相应的是外来雇佣劳工也呈现出只讲数量、不求质量的趋势，文化素质普遍较低。据调查统计，村镇外来人口主要是小学及初中文化程度人员，高中以上文化程度的人员比例较小，而大专以上学历人员比重更小。因此，村庄内人口构成复杂，并且缺乏有序的管理，随之产生诸多社会问题。

4.1.3 农村住宅需求变化

由于经济、社会、文化等层面的诸多原因，我国快速城市化地区的农村建设一直处于无序低效的状态，村民乱占乱建、少征多占、占用不用的现象十分突出。土地资源紧张，用地布局混乱，村庄可供利用的土地资源已非常有限，各村之间生产、生活用地互相掺杂，配套服务设施严重缺乏。

现状住宅建设处于无序状态，村民们在建房时只考虑自身的利益，没有整体布局的概念，从而导致村庄的建筑布局混乱，违建、搭建现象严重及局部建筑密度过大等问题，不仅影响了村庄的整体面貌，也造成日照采光无法满足需求以及安全、消防等隐患。

村庄村民的生活习惯并未因外界环境变化而变化，保持一个稳定的社交圈，以亲戚和邻居之间交流为主。通过这种联系，形成稳定的利益关系和认同团体。

据调查，我国大部分村庄村民的现状休闲娱乐方式主要有串门聊天、看电视等，相对单调，与村庄现状基础公共设施配套缺乏有很大关系。村庄自然发展的历史因素导致基础设施较缺乏，因此村民对公共基础设施的需求十分强烈。从现状调研看来，村庄居住环境、卫生状况还处于较低的水平，随着收入水平提高，将会有更高层次的要求，规划需预留弹性。

满足农村住宅需求的变化应强调“以人为本”，在设计原则中能够表达对社会和民生的充分关心，倡导“社区理念”，新城市主义所设想的未来的社区理想模式是：空间布局紧凑、土地混合使用、住宅类型混合、步行适宜的邻里及鼓励公交有限、环境友好等。这样的模式可以为新农村形成村民认可，人情味浓、活力感强，归属感和安全感兼具，从而促进村庄与自然环境的有机结合，形成可持续的整体，并在功能及外观等方面达到综合效益最优，是新农村规划坚持可持续发展理念、寻求村庄发展与进步所必需的基本元素。

4.2 节能的新村选址

4.2.1 一般新村选址要求

村庄的形成与周围自然环境条件（土地、地形、水源等）和经济社会发展（工农业生产条件、交通可达度、公共认同）程度有着密切关联。

不同历史时期，村庄选址的影响因素有着显著差异。原始人类时期，自然环境对村落选址起着决定性影响，栖息地的基本功能有围合与尺度效应、边缘效应、隔离效应、豁口及走廊效应。近代村庄择居多具备庇护、捍域、留有后路、抵御灾害、生态节制等特征。现代村庄选址多近邻经济较发达地区或环境优美地域，如近邻沿海、近临城镇、紧靠交通线、山水园林式的优美地域。随着人类活动强度的不断增强，村庄选址区位已超出传统意义上的资源禀赋，总体取向是人类逐渐向经济发展水平较高、交通便利、更宜居、环境优美的区位迁移。

由于人类活动强度的日益扩大，村庄外部多余的空间日渐减少，严格意义上的村庄选址已较为鲜见。现如今村庄用地的选择与农业生产、运输、基建投资以及居民生活和安全都有密切的关系。一般的新村选址应选择在地势、地形、土壤等方面适宜建筑的地区，避免选址于矿区上、水库淹没区内、国家建设工程区内；应避开低洼地、古河道、河滩地、沼泽地、沙丘、地震断裂带和大坑回填地带；应避开滑坡、泥石流、断层、地下溶洞、悬崖、危岩以及正在发育的山洪冲沟地段。应按照以下方面的建设条件进行新村选址：

1. 地质条件

由于土层构造和土层的组成物质不同，其对建筑的承载力也不尽相同，这对村镇建设的合理布局有很大影响（表 4-1）。

不同地质承载力负荷表 **表 4-1**

类别	承载力（t/m^2）	类别	承载力（t/m^2）
碎石（中密）	40～70	细砂（很湿、中密）	12～16
角砾（中密）	30～50	大孔土	15～25
黏土（固态）	25～50	沿海地区的淤泥	4～10
粗砂、细砂（中密）	24～34	泥炭	1～5
细砂（稍湿、中密）	16～22		

在地震烈度 7 度以上的地区，应考虑村宅的抗震设防。

一般应尽量选择地势较平缓而日照条件好的地区建设新村，要求地形最好是阳坡，坡度在 0.4%～4%之间为宜，若小于 0.4%则不利于排水，大于 4%不利于建筑、街道路网的布置以及交通运输。

2. 水文条件

水体对于改善气候、稀释污水、排除雨水及美化环境等方面发挥作用，有助于减少相关投资，节能减排。村庄选址应接近江河、湖泊、泉水或地下水源（地下水位应低于冻结深度、地域建筑物基础砌筑深度），应选于生产用地上游保证生产、生活用水需要。

3. 气候条件

气候条件对村镇建设，特别是对适宜的生活条件、防止环境污染等方面影响较大。新村选址一般应处于主导风向的上风向。同时，在一些峡谷、盆地的新村，要特别注意微风及静风频率，避免生产用地对新村的环境污染。同时，尽量避免选址于两山间的风口。

4. 交通条件

随着农村经济的发展，许多居民点建设在主要干道两旁，呈现出“线状沿路爬”的零散分布，形成所谓的“马路经济”，公路修到哪，房子就建到哪。村庄迁址接近交通线（要想富，先修路），这是目前市场经济条件下的重要法则，把移民安置在公路沿线，交通方便，信息灵通，使原来从事第二、第三产业的劳动力可继续从事其原职业，外出务工也更快捷、更方便，有利于增加农民收入。同时，也可以加快农村城镇化建设的步伐，繁荣经济发展，如陕西省凤州镇杨家山村钟湾组 28 户 121 人，无基本农田和人工草地，靠东挖西挖种粮和滥放滥牧增收，群众收入来源少，勉强度日。20 世纪 90 年代末，某县政府结合流域治理项目，在公路沿线划拨近 15hm^2 耕地，全部修成梯田。并大力发展核桃、板栗等经济林，不仅使多年荒山荒坡水土流失得到有效控制，而且搬迁户很快走上脱贫致富奔小康的道路。在广东省飞来峡水库的居民搬迁中，选择靠银英公路一侧建立飞来峡区大湖和湖溪两处移民新村，相当于一个小型集镇，移民规模近 4000 多人。此外，山西省垣曲县小浪底水库移民也存在类似情况。

5. 其他条件

除以上几点外，新村建设应结合村庄产业发展，如结合风景名胜，发展旅游业；新村建设应留有发展余地，近远期结合，不可过于局促或盲目建设。

事实上，现代村庄选址并非单纯由迁出者决定，而要综合考虑迁入地的自然和社会环境等多方面因素，如近邻沿海可能也是靠近发达区、接近交通线附近或城郊，故现代村庄的选址区位亦是一项复杂工程，需要多方面协调进行。其实，不同空间尺度的村域聚落分布往往具有一定的分形特征，在相同的选址理念和操作模式下，常会形成一定的“分形”格局。在国外，村庄空间分布具有典型分形特征的案例，属荷兰的填海造田区，不同等级村庄（自然村、中心村、更高等级聚落等）往往形成中心地结构，不同的空间尺度中具有明显的分形特征；在江南地区的江阴市、溧水县，吴江市黎里镇、庙港镇、石漱乡等地村庄的空间分布都存在明显的分形特征，如江南地区很多地域的村庄分布沿着不同规格的交通线、距不同等级城镇的远近、沿着不同规模的河谷等具有明显的标度不变性。

4.2.2 新村选址的节能要求

1. 尽可能选择近南向坡地

坡地对建筑节能的影响，主要是太阳辐射得热和通风两个方面，影响效果因坡向（由低到高的方向）和坡度大小（坡度越大，影响越明显）而不同。基地的坡向为南向，有利于基地内建筑的冬季太阳辐射得热，也便于提高建筑用地的容积率。如果坡向与夏季主导季风方向一致，将有利于基地内建筑在夏季的自然通风散热，图 4-1 所示为某地坡向分析图。

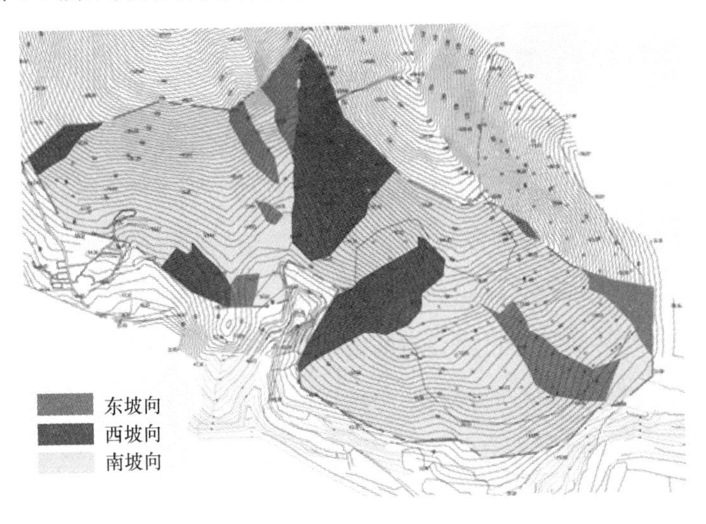

图 4-1 坡向分析图

坡地选址又可以分为在山顶、山腰、山脚三种情况。在山顶，虽然建筑在冬季受风的影响较大，但同样也有利于夏季的通风散热，而且视野开阔、日照充足。在坡地，理想的建筑选址是向阳的山腰位置，这也得到普遍的采用。在背风（避开冬季主导风向）的山脚，容易产生霜洞效应。霜洞效应是指冬季晴朗无风的夜晚，冷空气沉降并停留在凹地底部，只要没有风力扰动，就如池水一样积聚在一起，使地表空气温度比其他地方低得多。事实上，霜洞效应一般特指严寒地区和寒冷地区，在夏热冬冷地区并不明显。所以一般选址应优先考虑夏季自然通风和冬季太阳得热。

2. 尽可能选择滨水用地

首先，大面积的绿化和水面能改善村庄环境的热微气候；其次，丰富的水源可满足部分生活生产用水需要，减少村庄市政设施投入，节省开支。

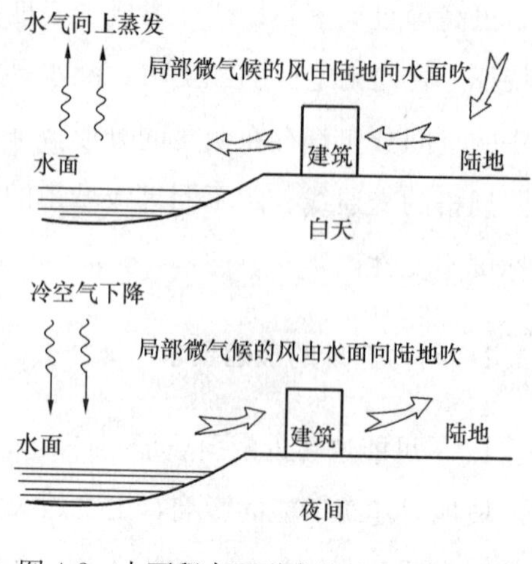

图 4-2　大面积水面形成的风变化示意图

4.3　规划布局

4.3.1　规划布局节能要素及要求

新村的规划布局应坚持因地制宜、合理布局、有利生产、方便生活、尊重民意、有序引导的原则。应坚持集约利用资源、保护生态环境、尊重历史文化、突出地方特色，有利于促进农村全面协调可持续发展。村庄应集中紧凑建设，按有关标准合理确定村庄规划建设用地规模，通过绿化、河流、道路等边界要素划定村庄发展用地的边界。扩建村庄要与原村庄在社会网络、道路系统、空间形态等方面良好衔接。村庄布局应充分利用自然环境条件，挖掘地方建筑文化内涵，体现地方特色。村庄用地布局应避免被汽车专用公路被一级、二级和三级公路穿越，村庄规划应避免采用沿过境交通两侧夹道建设的布局模式。村庄用地要按各类建筑物的功能，划分合理的功能分区。功能接近的建筑应尽量集中。

1. 朝向

从有利于建筑单体通风的角度看，建筑的长边最好与夏季主导风方向垂直；但从有利于建筑群体通风的角度看，将严重影响后排建筑的夏季通风。所以规划朝向（大多数条式建筑的主要朝向）与夏季主导季风方向最好控制在 30°～60° 之间。

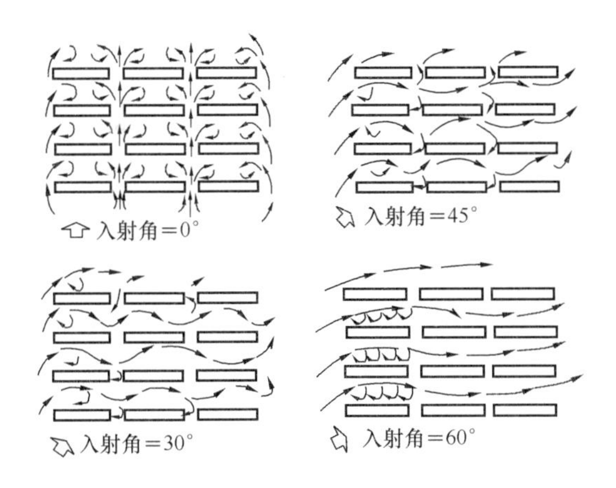

图 4-3 不同风向下的气流示意图

我国北方地区最恶劣的建筑室内热环境是夏季的东、西晒和顶晒（被动条件下）；另外该地区夏季室内过热（空调房间制冷能耗较大）的主要原因是从窗户进入室内的大量太阳热辐射；东、西向为该地区建筑的最不利朝向。好的规划朝向可以使更多的房间朝向南向，充分利用冬季太阳辐射热，节约采暖能耗；也可以减少建筑东、西向的房间，减弱夏季太阳辐射热的影响，节约制冷能耗。确定朝向，宜南向或南偏西 15°至南偏东 30°之间。多层住宅南北向能耗指标比东西向低 5.5％。

2. 间距

住宅间距控制，一方面要保证大寒日照 2～3h，冬至 1h 的日照要求；另一方面要满足防火与节约用地的要求。有利朝向正南方向的日照间距系数一般为 1.4～1.7（根据建筑气候区划计算），不利朝向的日照间距适当折减。山墙间距不开窗 6m，开窗 8m。在满足日照间距的基础上，为节约用地，建筑设计可采用南低北高的坡屋顶形式（或阶梯式），坡度应满足日照间距的要求。

3. 交通

如前文所述，交通条件是一般新村选址的重要因素。节能新村的布局更应该考虑交通条件的影响。对外通达及内部联络两方面都至关重要。

要保证新村有良好的对外通达条件，使得外界生产生活资料进入新村具有较小的交通运输成本，可以减少对外交通成本及交通能耗。值得注意的是对于交通条件的考虑不是距离主要交通线越近越好，交通条件的选择既要符合上文所述相关原则：村庄用地布局应避免被汽车专用公路和一、二、三级公路穿越，村庄规划应避免采用沿过境交通两侧夹道建设的布局模式。又要在满足合理的防护距离条件下尽可能靠近对外联络道路，减少噪声、安全、过境干扰等影响。可以采取支路进村的交通引入方式。

通畅的内部联络可以使得新村内部的各功能区更便捷地联系在一起，有利于整体功能的发挥。与城市道路系统规划类似，新村内部道路网也应主次分明，形成有机的系统。

4. 绿化

植物是创造良好的小气候环境的最重要的手段，同时，植物也是最重要的景观构成要素，我国现存的古村落中无不植树种草、林木葱茂。那么，在新村建设中除了成行营造防风林之外，应尽量保留原有田间独立树木，在开发整理宜农荒地时可以考虑异地重植野生的植物群落，以保护动植物的多样性。在村庄合并整理建设新村时，可以对村内的树木异地迁移或原地保留，并在沟渠四周、新建村庄村前屋后种植各种乡土树木。中国原本就是一个追求错落有致，讲求意境的山水国家，在借鉴国外广场式绿化、追求树木整齐划一的效果的同时，应多保留我们国家自己的一些特色，创造出独具地方特色的绿化环境，营造出具有强烈地方气息的农村景观。

在建筑的东、南、西侧栽植落叶乔木，可以在夏季起到遮阳降温的作用，尤其是东、西侧，在冬季落叶后对建筑日照影响也不致过大。屋顶绿化和墙面绿化（主要是指攀缘植物）不但有助于改善居住区室外热微气候，而且对建筑也有极好的保温隔热效果，夏季绿化屋面与普通隔热屋面比较，表面温度平均要低6.3℃。

4.3.2　规划布局形式比较

在各要素及相关要求指导下，提出相应的住宅布局形式如下：

1. 传统低层院落式住宅组合形式

在人口密度较少的地区，考虑我国北方农村生活方式及地缘、人缘关系的构成，以及独栋式住宅通风、日照及相关节能特点的优越性，建议采用以院落为单元，高度不宜过高，以2～4层为宜的建筑形式。

图 4-4 独栋式参考图片

（1）独栋式：建议采用前后院式，院落以住房为分割，南北各一个，南向为生活院落，北向为生产院落，功能分区明确、使用方便、清洁卫生，也可变形为侧院式，此种形式不利于用地的集约(图 4-4)。

（2）拼接式：建议采用长度不宜超过 50m 的联排式，前后交通较为良好，用地较为集约（图 4-5)。

（3）基础设施供应：本着生态、集约的原则，按服务需求，集中配置幼儿园、村委会、活动中心、运动场地、卫生保健室、垃圾收集点、垃圾中转站、公厕等公共服务设施。

图 4-5 拼接式参考图片

2. 多层单元式住宅组合形式

在城市近郊，城市化程度较高，以第二产业为主导的新农村，建议采用单元式住宅，有利于提高容积率、节约土地，便于管理及基础设施配套。

（1）布局原则

北方地区居住区规划布局出于节能考虑，主要针对的是夏季自然通风，其中的设计手法大致可包括：

在建筑布局上保证夏季主导风向的入风口通畅；南面临街建筑不宜采用过长的条式多层；东、西临街建筑不宜采用条式多层，这样不但单体的朝向不好，而且影响进风，宜采用低层（作为公共用房使用）；建筑高度宜南低北高；非临街建筑的组合宜采用错列式，使通风通而不畅（图 4-6）。

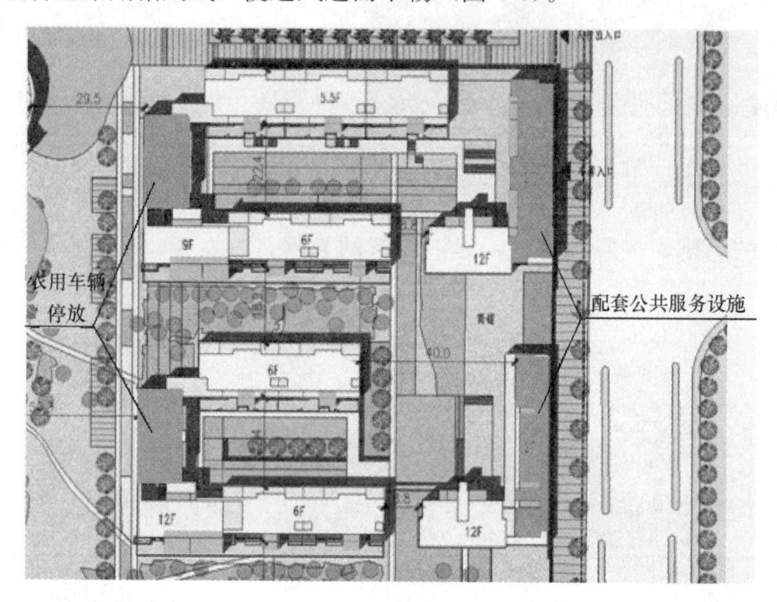

图 4-6　行列式布局中东西向建筑使用功能示意

（2）组合形式研究

1）周边式布置

建筑环绕院落成周边布置，形成较大的公共空间。这种形式比较节约土地，同时为居民提供良好的休憩交往空间。但该布置形式易形成大量东西向居室，虽有利于阻挡风沙，但不利于节能减耗。规划可进行适当的处理，满足朝向需要（图 4-7）。

2）行列式布置

我国北方地区属于温带气候，农村建筑设备标准较低，住户普遍喜欢南北向单元。朝南布

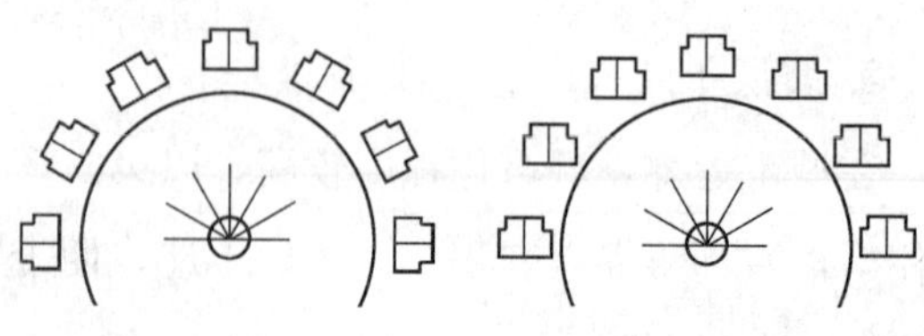

图 4-7　建筑朝向与规划中的围合感

置的行列式住宅，夏季通风良好，冬季日照最佳，是我国目前广泛采用的布置形式。规划应采用和道路平行、垂直、成一定角度，建筑物之间平行、相错等手法取得良好的朝向及有趣而富有变化的空间效果（图 4-8、图 4-9）。

图 4-8　富有变化的行列式平面布局示意图

图 4-9　富有变化的行列式空间效果图

3）自由式

除以上两种形式外，还可采用自由式的布置手法；结合地形条件，在保证自然通风和日照的条件下，建筑成多种角度自由排列，形成丰富有趣的组团空间（图 4-10）。

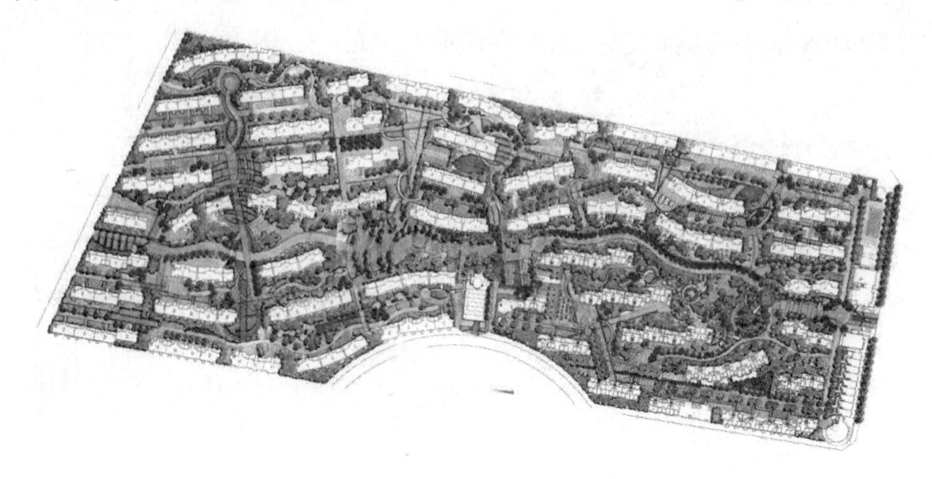

图 4-10 自由式平面布局示意

4.4 新村住宅规划中的节地节能措施

4.4.1 新村住宅规划中存在的节地节能问题

1. 规划不当，土地利用率低，土地浪费严重

土地利用规划滞后于小城镇建设规划。从规划的层次上讲，土地利用规划应对城镇规划起指导和约束作用，但在实际操作中并非如此，农村空间的发展主要是以外延发展为主，是一种重数量、轻质量的城镇化道路。这种发展模式导致村镇规模偏小，用地粗放，其直接后果是村镇集聚功能难以完善，基础设施的投资成本过高，设施的修建难于形成规模效益，造成基础设施尤其是环境设施严重不足。村镇规划的编制不够普及，且编制规划时，缺乏科学性，把标准定得过高，浪费了大量的土地资源；编制规划时缺乏预见性和超前性，使得村镇发展的空间受到限制；规划不注意村镇内部资源的充分利用，不注意旧村的改造，村镇的发展犹如“摊煎饼”，一边是占有大量的农业生产用地搞建设，一边是村镇内部土地利用不充分，使土地长期处于低效粗放经营状态，形成“空心村”，不仅浪费了大量的土地资源，而且导致了生态环境质量的低下。规划布局的不合理直接造

成了资源的浪费和生态环境的恶化，环境质量较差。

2. 多层公寓式住宅盲目照搬城市住宅建设模式，且存在千篇一律、千楼一面现象，未能继承和发扬民居的传统特色

长期以来，村镇房屋沿袭自主建设模式，农民受传统思想观念的束缚，建房缺乏全局思想和环境意识，随意性大；另外，由于其他客观条件的限制，农村建房设计图纸并不规范，房屋平面布局和造型大多照搬或模仿，导致千楼一面的建筑风格；不讲究房屋的功能，平面布局单一，房间穿套，使用不便；同时过去传统的住宅建筑形式没有得到很好的延续。

3. 住宅建设仍延续高资源浪费、高环境污染、低生产效率的粗放型发展模式

村镇由于建设资金远没有城市丰富，开发形式又以低水平的农民自建为主，所以造成村镇住宅在建筑设备、建筑材料及建筑施工工艺以及建筑节能省地意识等方面与城市有很大差距，但其土地资源拥有量又较城市有优势，这就造成村镇住区建设产生土地资源的浪费。这也造成现阶段的村镇住宅建设仍处于高土地资源浪费、高环境污染、低生产效率的粗放型发展模式。

4. 村镇发展受区位影响，发展良莠不齐

城市近郊村镇由于受市区的辐射影响大，发展远超过远郊的村镇，形成村镇与村镇之间的差异。以住宅形式为例，近郊村镇住宅建筑质量较好，平均层数高，远郊村镇多以自建平房为主，这种情况下不适宜制定统一的规划改造部署。

5. 节能省地、生态环保的意识薄弱，新型建筑材料和建筑科技应用率不高

目前，大部分现有村镇住宅不能达到统一的节能标准，新型建筑材料，节能材料尚未在村镇范围内普及，在规划布局和建筑设计的层面，没有充分考虑节能省地的需求，对于洁净的太阳能资源没有充分利用。

6. 建设管理跟不上快速的经济发展步伐

伴随经济全球化、我国城市化进程的加快，村镇建设管理的问题逐渐显露。制度层面的统一管理，并没有真正落实到基层村镇。

4.4.2 新村住宅规划中的节地节能一般原则

1. 做好旧村镇改造工作

第一是迁村并点，利用坡地、山地建设小区和村庄，把分散的大面积的原宅

基地退耕还田。

第二是进行旧村改造，因地制宜地提高原有用地的容积率，提高居住质量，改善居住环境。

2. 制定合理的技术经济指标

(1) 建立人均居住用地控制指标体系

规划实践表明，合理的人均居住用地面积在50～75m^{2}左右。根据镇比村用地指标略低、多层比低层用地低的原则，推荐人均居住用地控制指标见表4-2。

推荐人均居住用地控制指标表 **表4-2**

	镇人均居住用地面积（m^2/人）	村人均居住用地面积（m^2/人）
低层	40～55	50～70
低层多层结合	30～40	35～50
多层	20～30	30～40

(2) 合理提高容积率及建筑密度

容积率概念：是每公顷居住区用地上拥有的各类建筑的建筑面积（万m^2/hm^2）或以居住区总建筑面积（万m^2）与居住区用地面积（万m^2）的比值表示。

建筑密度概念：居住区用地内，各类建筑的基地面积与居住区用地面积的比率（%）。

在保证新村小区环境质量和挖潜利旧的前提下，应合理提高容积率（表4-3）。

推荐容积率值 **表4-3**

住宅层数	镇住宅用地容积率	村宅容积率
低层	0.5～0.7	0.4～0.6
低层多层结合	0.7～0.9	0.6～0.8
多层	0.9～1.05	0.8～1.0

在保证日照和防灾、疏散等要求的前提下，可适当压缩建筑间距，以提高建筑密度，并可利用屋顶平台补充室内活动场地的不足（表4-4）。

推荐建筑密度值 **表4-4**

住宅层数	镇住宅建筑密度（%）	村宅建筑密度（%）
低层	20～35	20～32
低层多层结合	20～29	18～26
多层	18～25	17～22

3. 因地适宜地进行新村规划设计

(1) 针对实际情况，提倡多层单元式住宅和底层联排式住宅，除特殊产业需要外，严格控制平房和独立式住宅。

(2) 通过建筑的立体化改造，将住宅基底面积控制在宅基地面积的0.4～0.5倍之间，充分利用余下的宅基地进行绿化和经济绿地建设，提高绿地率。并通过围墙的改造，达到空间共享，使封闭庭院变成田园气息浓厚的半开敞共享空间。

(3) 合理布置道路系统，减少道路占地。

(4) 通过地下、半地下空间，建筑底层布置公共建筑及储藏空间；充分利用屋顶平台扩大绿化及室外活动空间面积。

(5) 缩小建筑面宽，加大进深；改进墙体材料，减少墙体厚度；合理确定建筑物体形系数，减少建筑物外围面积；充分利用建筑物室内外空间，提高空间利用率；通过降低层高，增加层数，略偏东西向布置，“北退台”设计等手段节约用地。

4.4.3 满足日照采光需求的节地措施

针对如何满足住宅所需日照，住宅设计相关规范要求，只限于通过日照时长的规定达到日照效果。而实际上，同样的日照时长，却有不同的日照效果，比如8：00～9：30与14：30～16：00两个时段共3小时的日照，与10：30～13：30同样也是3个小时的日照相比，它们的日照效果有着极大的差别。

日照效果是指日照能够提供的效果，或者说接受日照后能够获得的效果，其主要包括日照亮度和日照辐射能量，针对日照辐射能量来衡量日照效果更科学。

产生日照效果差别的原因主要有两个方面，一是太阳高度角，太阳高度角不同，日照蕴含的能量就不同，高度角越大，日照蕴含能量越高；二是太阳直射光线与建筑立面法线所成的夹角（简称入射角），入射角越大，则能量密度越低。

相对于大寒日正午时刻太阳入射光线垂直面上的太阳辐射能量，太阳高度角与建筑立面入射角在有效日照时段内的变化，会改变建筑所获得的太阳辐射能量。可采用太阳高度角与建筑立面入射角两个加权系数，获得实际的太阳辐射能量相对值。建筑为正南向时，这两个加权系数与时间的关系曲线如图 4-11 所示。建筑朝向发生变化时，太阳高度角加权系数曲线不变，而立面入射角加权系数曲线会发生相应变化。

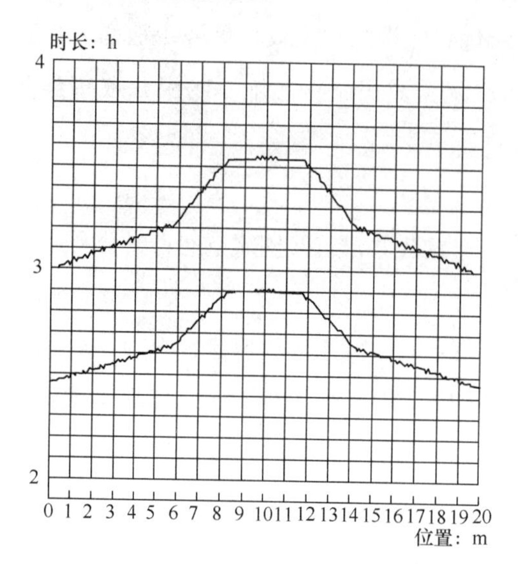

图 4-11　正南向时加权系数与时间的时长曲线

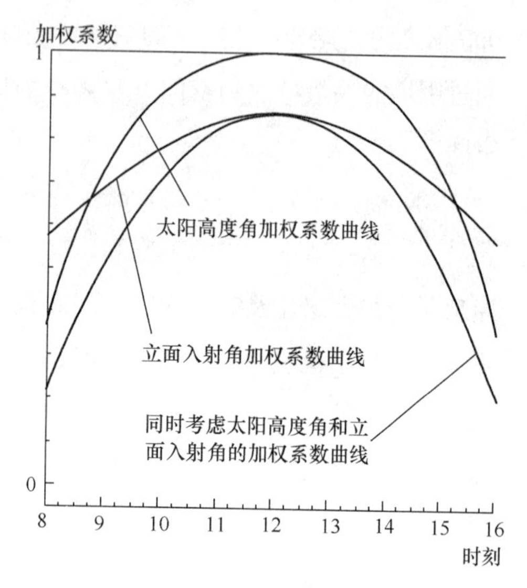

图 4-12　日照时长曲线和等效日照关系曲线

采用三个指标来衡量日照效果：建筑底层窗台处平均等效日照时长、建筑整体等效日照时积和建筑整体平均等效日照时长。

建筑底层窗台处平均等效日照时长，简称底层平均等效日照时长，即将沿建筑长度方向各个位置底层窗台处的实际日照时长乘以太阳高度角加权系数和立面入射角加权系数后，求其平均值。它主要用于比较各种建筑参数条件下，建筑底层窗台处的日照效果状况。如图 4-12 所示为某一建筑布局下被遮挡建筑底层窗台处日照时长曲线（图中上侧一条）和等效日照时长曲线（图中下侧一条）。正南向行列式排列的建筑布局中，只利用太阳高度角获取日照刚好满足大寒日日照 3h 的标准时，被遮挡建筑底层窗台处可获得的平均等效日照时长为 2.510h。

建筑整体等效日照时积，即将建筑整个南向立面各个位置处的实际日照时长乘以太阳高度角加权系数和立面入射角加权系数后，再与其日照面积相乘，得到一合成值，而后再将各个位置处的值累加起来，我们将其和称为建筑整体等效日照时积。它主要用于比较各种建筑参数条件下，后排建筑整体获得的能量状况。

建筑整体平均等效日照时长，即将建筑整体等效日照时积除以建筑南向立面的面积，得到一个时间值，称为建筑整体平均等效日照时长，它相当于建筑南向立面每一点处获得的等效日照时长。它与建筑整体等效日照时积的作用一样，也是评价建筑整体获得的能量状况。因为建筑整体等效日照时积值与建筑南向立面的面积直接相关，对于具有不同南向立面的建筑来说，其不具有可比性，此时要应用建筑整体平均等效日照时长这个指标参数来进行比较。正南向行列式排列的建筑布局中，如果建筑正面间距足够大，使在有效日照时段内前排建筑不对后排建筑产生遮挡，即建筑可获得的最大整体平均等效日照时长。

因日照是动态的，太阳位置及能量每一时刻都在变化，所以在研究中采用数学微积分的原理，将整个日照时段以1min为间隔划分成若干个时刻点，通过计算每一时刻点的日照状况，然后将各个时刻点的值累加起来。也是因为日照是动态的，其在被遮挡建筑立面上投下的阴影也是动态的，也采用数学微积分的原理，将建筑长度以0.1m为间隔划分成若干个位置点，计算每一位置点的日照状况，然后将各个位置点的值累加起来。

4.5　小城镇节能省地型住宅规划设计方法与策略

4.5.1　小城镇节能省地型住宅规划设计方法

1. 精心进行选址

(1) 住区选址的两条原则

1) 体现资源约束条件下建设小城镇的意义，在水资源缺乏地区，特别是要以非耕地为主。

2) 要靠近城镇中心，依托城镇交通和服务优势，节约基础设施建设成本。

(2) 住区选址的三条策略

1) 对待废置地、荒地，要本着优先开发的策略，这也符合国家的节地的国策。

2）对于城镇建设区内的劣地，改变传统的避而远之的态度，也应本着寸土寸金的态度对待，做到变劣地为宝地，提高城镇居民的生活质量。

3）资源共享，城镇住区的开发，尽量利用原有的公共设施，不盲目超标配置，当然，经过论证后，适当的超标也是允许的，也体现了规划管理的弹性。

2. 合理的计算规模

从2005年开始，天津开始推进示范镇建设，截至2012年，天津市已正式批复49个镇为示范小城镇。在示范镇建设的带动下，天津市大力推进新城、中心镇建设，加快农村城镇化进程，以示范镇为代表的小城镇的基础设施、公共设施和人居环境显著改善，载体功能和辐射带动作用明显增强。向小城镇转移农村人口18万人，郊区城市化率提高3个百分点，达到58%。

对于广大小城镇而言，在新一轮城市化浪潮中面临着不可多得的发展机遇，但是小城镇经济和社会生活的过度分散导致了低效率、土地资源和其他资源的浪费以及社会生活的不健全、社会组织管理无序等问题日益突出，同时区域空间形态紊乱、功能混杂分散。所以，天津市提出了“循序渐进、节约用地、集约发展、合理布局”的原则。天津小城镇的建设走在全国前列，探索出了在节能省地条件下的新型城镇化之路，本节以天津小城镇为例进行探讨。

（1）调查分析（表4-5）

双青镇中心村规划一览表 **表4-5**

中心村名	前丁基层村	安光中心村	郝家堡中心村	河头中心村	线河中心村	双河中心村
人口规模（人）	5000	6000	3000	12000	6000	6000
用地规模（hm^2）	60	72	45	210	72	72
人口密度（人/hm^2）	83.3	83.3	66.6	57.1	83.3	83.3

由调查得出结论，中心村规模按83.3人/hm^2控制，用地规模大都在40～80hm^2。

（2）理论推导

从规模效应角度来讲，中心村必须要一定规模，因此，在考虑可操作的前提下，要使中心村达到一个合理规模。参照市区内最小社区的配套水平，市区组团的最小规模约6000人左右，考虑到农村的人口密度远低于市区水平，可将中心村的最小规模定为4500～6000人。

从人口分布的均衡性来看，以天津为例，天津2020年农村规划总人口140万，分布在111个乡镇内，平均每个乡镇为13000人，按每个中心村4500人的标准来计算，每个镇域设置约2～3个中心村。从出行劳动的距离来分析，步行时间15min，大致一个中心村覆盖面积3km²，这样8km²镇域设置2～3个中心村也较为合理。

3. 科学的制定模式

由天津张贵庄镇、华明镇、独流镇、张家窝镇、八里台镇邻里规划实例得出结论，天津小城镇居住开发大多按照一个邻里单位为基本开发规模，邻里开发模式有利于天津小城镇土地的集约利用，能够非常明确地分级配套公共服务设施，有利于土地资源的合理配置（表4-6）。

城镇邻里大小调查表 **表4-6**

邻里单位	建设半径
张贵庄	5min步行半径，约300～400m
华明	建设地块半径400m
独流	半径不大于400m
张家窝	400m

4. 系统的规划布局

（1）适当建筑转向

国家规划标准规定，建筑在南北向的基础上向东或西转，不同的角度范围内可以获得相应的折减系数。规划中，在大的路网的规划的过程中，需要考虑到建筑转向带来的土地空间的节省，在路网规划设计的时候让整个城镇路网与正南正北形成一个适当的角度，有利于整个城镇住宅以及其他建筑的节能省地。

（2）集中配套公建

集中布置可方便管理和使用，又节约用地，同时提高公建之间的集聚效应，充分获得最大的利益。

1）散、沿街的商业设施，集中布置成带状、片状或者独立的商场建筑；

2）机动车库与自行车库，集中设于半地下室或架空层，或者建设独立的停车楼；必需的地面停车场，推广植草砖铺砌地面，增加绿化面积；

3）燃气调压站、水泵房、变电室等公用设施，在负荷距离允许的情况下，尽可能集中设置；

4）集中设置居住区垃圾中转站；为居住区服务的公共卫生间，附设于会所或商场内等。

（3）十字网道路结构（表4-7）

道路交叉调查表　　**表4-7**

	主干路交角			次干交角			支路交角		
	总数	90°数	百分比	总数	90°数	百分比	总数	90°数	百分比
张家窝	4	2	50%	22	21	95%	35	35	100%
张贵庄新市镇	3	2	66.6%	9	7	77.8%	17	15	88.2%
八里台	9	4	44.4%	5	5	100%	55	52	94.5%
总计	16	8	50%	36	33	91.7%	107	102	95.3%

由调查得，主干道交角受城镇现状地形和城镇发展现状影响，交角会出现个别锐角或钝角，但十字交叉口居多；次干道和支路基本都是按照十字网格划分地块。综上所述，所有交叉口中，居住开发交叉口占到一半以上，所以说，城镇道路十字交叉道路骨架最实用，最节地。

5. 综合使用功能，提高土地利用率

在经济条件相对较好的天津市小城镇中，在中心地段的居住区，可以建设大型的综合性质的楼房，集多种使用功能于一体，这种综合楼是提高土地利用率的好办法之一，而且容易形成小城镇的城市景观效果。

1）集住宅、商业功能于一楼；

2）集住宅、商场、办公于一楼；

3）集住宅、商场、办公、文娱活动、车库于一楼等。

综合楼可以提高土地使用率，同时方便用户的使用，对于商业来说，还能够提高商业之间的集聚效应。但是，综合楼设计的难度大，结构和设备管道系统复杂，对建筑的形式、外立面等要求相对较高，所以建筑成本相对较高。

6. 合理利用各种基地地形

在北高南低的向阳坡地形上，应顺着坡向平行布置住宅，既能获得充分日照和良好的通风，且正面视野宽广，又可减少住宅之间的日照间距。在南高北低的坡地上，要调整前后排住宅的层数，避免过多拉大日照间距。还要尽量利用高差所形成的、住宅底部的半封闭空间，作为停车、储藏等辅助空间。在东、西向的坡地上，应垂直坡地的方向布置住宅，并跟随坡地的高差改变住宅层数和高度，可以做南向退台的跃层住宅。保持合理的日照间距，节省用地。在平坦的地形上，应布置成正南、北向（可适当偏角），既能顺应风向，又可获得较好日照，是减少间距、节约用地的最好办法。在边角地区，根据基地形状，布置塔式、单元式高层住宅；在基地的北侧，布置高层住宅，也是节地的好措施。

4.5.2 小城镇节能省地型住宅规划策略

农村城市化是中国迈向现代化工作的重点之一，在目前中国加快城市化建设的时代背景下，唯有创新机制，才能跨越发展。天津市政府为了加快小城镇建设，推进农村城市化，城乡统筹发展，创建“承包责任制不变，可耕种土地不减，尊重农民自愿，以宅基地换房”新思维指导下的新机制。这一新机制集中体现了天津市精明运作农村城市化的理念，对天津乃至全国均有一定的参考价值。

1. 科学地进行迁村并点

迁村并点主要针对以下对象：原有分布零乱、规模较小的自然村落；市政工程引起的原有村落的动迁；由于土地批租而造成的动迁。前者应在政策引导下，逐步集聚，形成中心村；后两种情况，要在短期内处理好中心村的建设和村民的动迁安置、补偿等工作。

（1）迁村并点布局原则

1）向集镇和工业区靠拢。依托新的增长点和工业区，将周边较近的自然村的居民迁并，扩大原有集镇的规模，促进城镇化。

2）依托大市政和道路交通，形成中心村。

3）选择基础较好的自然村发展中心村。对于500户以上的大村，可在现有基础上，对基础设施加以配套，居住环境加以整治，发展成为中心村。

4）另建中心村。可根据自然村的分布情况，重新选址，建设位置合理的新中心村。

（2）迁并顺序

1）一般村落向交通便利的村落集中。

2）经济落后的村落向经济发达的村落集中。

3）小规模村落向大规模村落集中。

2. 控制住宅面积标准

根据我国城市方面的资料表明，我国人均城市建设用地仅为100m^2左右，其中人均居住区用地指标为17～26m^2，居住区占建设总用地的25%左右。如果保持目前的比例，在一定的容积率条件下，每套住宅的面积扩大，势必增加人均居住区用地指标，这就与合理利用土地的国策相违背。就天津小城镇而言，《天津城市规划管理技术规定》中明确规定天津除环城四区和滨海新区外的其他区县建筑用地指标为人均120～150m^2。虽然天津小城镇建设用地情况较城市而言宽裕，但是城镇扩张与基本农田的保护之间的矛盾日益突出，因此，适度控制每套住宅的面积标准，抑制过度消费，将使有限的土地资源得到有效利用。

3. 合理开发利用地下空间

我国历史上的地下空间开发利用历史悠久，用途广泛，在村落发展中，主要应用于居住、仓储、水利建筑等方面。早在4000年以前，以我国黄河流域的山西、河北、河南、陕西、甘肃省为中心，当地居民已在辽阔的黄土地带上建造地下窑洞，这些窑洞一直沿用发展至今，是合理利用地下空间的典范。利用地下空间作为仓库，在我国也由来已久。1971年，在洛阳市东北郊发掘出一座古代地下粮库，系隋朝建造（7世纪），一直使用到唐朝，库区尺寸600m×700m，以后逐渐发掘出的半地下粮仓近200个。这是我国很早就利用地下空间作为仓库的例证。到了现代，尽管保冷、保温技术发达，但在我国北方用于储藏土豆、红薯的地窖及地下粮库，仍在大量建造。此外，在水利工程方面，也有开发地下空间的事例，如陕西褒城的石门隧洞，陕西大荔县修建洛水渠时，曾发现有给水隧洞，规模都非常大。这说明，我国古代在生产建设中，曾致力于地下空间的开发，尤其是施工技术方面，当时处于世界领先的地位。

在当今节能新村的建设中，如上文所述合理借鉴历史经验，合理利用地下空间，也会取得良好的节能节地效果。

在城镇化发展较为发达的地区，以天津为例，类城市建设的村镇建设中，以小城镇居住区和住宅单体的设计为例，根据各个镇的经济条件和水平，在有条件的地区积极开发中心绿地、宅间空地或住宅单体的地下，布置车库、辅助用房等，以提高土地使用率。被开发利用的地下空间，可以不计入总容积率，鼓励提高开发地下空间的积极性。同时，做好规划，处理好工程技术问题以及地下空间和地上空间的衔接和过渡。

4. 合理处理原宅基地和新建居住用地的关系

在天津小城镇中，以宅基地换取新建楼房的形式不为少见，回收回来的宅基地想要恢复农业生产有一定的难度，需要花费不少的精力、人力和财力。所以在建设新的居住建筑的时候要注意这个问题，利用时序建设、阶段拆迁的办法尽量少占农用地，保证农业生产的最大利益。

随着天津滨海新区纳入国家总体战略发展布局，天津已经借势成为带动区域经济发展的强大引擎，而农村土地财富的释放，则是其中的关键一环。18 亿亩（1 亩约等于 666.7m^2）耕地红线不能碰触，农村宅基地就成了天津这一轮土地流转的核心内容。此间，国土资源部发文要求，依据土地利用总体规划，将若干拟复垦为耕地的农村建设用地（即拆旧地块）和拟用于城镇建设的地块（即建新地块）共同组成“建新拆旧”项目区，通过“建新拆旧”和土地复垦，最终实现项目区内建设用地总量不增加，耕地面积不减少。2006 年 4 月 14 日，天津等五省市获得国土资源部批准成为第一批试点，“宅基地换房”项目由此获得政策支持。

5. 借鉴华明模式（表 4-8）

华明镇占补平衡表 **表 4-8**

比较项目	（一）建设规划			（二）整理规划		
比较内容（hm^2）	总占地面积	新增建设用地面积	占用耕地面积	村庄建设总用地	整理后耕地净增面积	平衡情况
数值	561.81	448.95	314.19	426.79	362.77	＋48.58

华明镇，从 2005 年开始，成为天津“宅基地换房”的首批试点镇。原华明镇 12 个村共有宅基地 12071 亩，总人口 4.5 万，新建小城镇需占地 8427 亩，其中规划农民安置住宅占地 3476 亩；宅基地复耕后不仅可以实现耕地占补平衡，还可腾出土地 3644 亩。华明镇用于农民还迁住宅和公共设施的建设资金约 37 亿

元，可出让的商业开发用地预留了4000多亩，土地出让收益预计达到40亿元，可以实现小城镇建设的资金平衡。

4.6　结　　论

我国小城镇住宅开发面临较为突出的环境与资源问题，住宅建设开发应该基于市场机制条件下的节能省地型住宅，政府在协调住宅产业与环境协调发展中应发挥引导、指挥、监督作用。

1. 以可持续发展观为理念，分析了节能省地型住宅与绿色住宅、生态住宅、健康住宅的层面关系，以此为基础，提出了我国节能省地型住宅的特征，即：①以人为本；②全面节约；③全寿命周期。

2. 对行列式、错列式建筑布局（建筑的长宽高）与日照时间的关系进行分析。同时对行列式、错列式建筑布局（建筑的长宽高）与日照效果（包括辐射能量和日照时积）的关系也进行了系统的分析。最终总结出在节能省地的前提下小城镇住宅建筑布局的最佳方案。

3. 住宅建设是一个相当复杂的过程，其中涉及很多如光照、建材等可量化的因素，同时也包含着很多如社会接受度、形体美学等不可量化的因素。

节能型住宅的建设 5

20 世纪 60 年代，美籍意大利建筑师 Paola Soleri 提出了“生态建筑学”的新理念，建筑节能和绿色能源的应用成为生态园区的重要内容，国际上先后出现了一些运用现代科学手段开发利用可再生能源的住宅小区和节能建筑，改善了居住环境，并从单一的为建筑物供能，发展到以村镇为单元的建筑群体供能系统，称这类住宅小区为“太阳能村”、“绿色能源村”，或者“生态园区”等。

法国一项调查显示，如果一栋小型住宅注意使用太阳能，或加装房屋隔热层，它的热水成本可以降低 50%～60%，取暖成本可以降低 25%～30%。

据美国环保局统计，2005 年，美国新建住宅中有 10%，也就是近 35 万套符合该国“能源之星”标准，每年能节约能源开支 2 亿美元，减少近 2000t 温室气体排放，相当于 15 万辆机动车的废气排放量。

国外比较典型的节能省地型住宅村的例子有：

英国伦敦郊区 Beddington 地区有个零能耗居住示范区（Beddington Zero Energy Development），号称英国第一座“绿色能源村”，全村有 82 套住宅，大量采用当地生产的建材和蓄热材料，屋顶种植花草，构成低能耗——生态型住宅区。卡迪夫大学在对此进行跟踪研究。

在此小区设计中，为了减少建筑能耗，设计者探索了一种零采暖（Zero-heating）的住宅模式。英国为高纬度地区岛国，气候温和潮湿，夏季温度适中，但冬季寒冷漫长，有大约半年都为采暖期。针对这一特点，在 BedZED 项目中，建筑师通过各种措施减少建筑热损失及充分利用太阳热能，以实现不用传统采暖系统的目标。

欧洲共同体为了促进节能省地型住宅的发展，制订了“欧共体战略和执行计划白皮书”，提出到 2010 年可再生能源将占欧盟内部总能源消费目标的 12%。

与建筑节能技术相配套，欧洲的保温节能玻璃技术发展领先，大规模生产的双腔三玻保温节能玻璃传热系数 *U* 值已达到 0.5W/m^2 · K，高于北京地区外墙传热系数 0.6W/m^2 · K 的设计标准，顶级产品 *U* 值已达到 0.2W/m^2 · K。此外，玻璃产品的遮阳、保温、隔热等的综合性能已有显著提高。

我国改革开放后，随着城镇化进程的不断加快，对住宅建设的需求大量增加。农村地区住宅建设与更新因经济条件限制，以及长期缺少统一设计与管理，建筑用能偏高现象普遍存在。因此，农村住宅建筑节能意义重大。

5.1 农村建筑节能问题的提出

根据我国建筑节能发展规划，目前在我国农村建设中提出建筑节能问题，无论对于资源、能源的节约、环境的保护还是农民生活质量的改善都具有重大现实意义。

5.1.1 建筑节能是减轻大气污染的需要

当前以城市为中心的环境污染形式十分严重，建筑用能也是造成大气污染的一个主要因素。目前我国采暖排放的二氧化碳每年就有 2.6 亿 t，而 1t 二氧化碳就足以装满一个直径 10m 的大气球。为了改善大气环境，必须抓紧建筑节能，以减少矿物燃料燃烧而产生的排放物对大气的污染。以煤炭为主要能源的采暖用煤，所排放的烟尘等颗粒物以及二氧化硫和氮氧化物都会危害人体健康，是产生许多疾病的根源。二氧化碳所产生的温室效应，正在日益加强，这将导致地球气候产生重大变化，从而危及人类生存。因此开展和普及农村建筑节能工作，是减少污染源对大气环境的破坏；是推动国民经济快速发展，提高人民生活水平，保护人类生存环境，造福子孙万代的大事。

5.1.2 建筑节能是社会经济发展的需要

1973 年世界能源危机爆发之后，人们开始意识到节能的重要性，并抓紧建筑节能工作，而我国则起步较晚，与发达国家的差距较大，在我国单位建筑面积的能耗是气候条件相近的发达国家的 2～3 倍。为了扭转我国建筑能耗过高的状况，我们需要作出长期艰苦的努力。能源是人类生存与发展的重要基础，经济的发展依赖于能源的发展，能源短缺也成为制约经济发展的重要因素。建筑从建材生产，建筑施工直到建筑物的使用无时不在消耗着能源，相关资料统计表明，欧美等发达国家的建筑能耗占到全国总能耗的 1/3 左右，我国也占到 25%以上。建筑节能是一个关乎国计民生的大问题，是节约能源的一个重要组成部分，因而推广建筑节能技术势在必行，所谓建筑节能是指建筑工程在规划、设计、施工、使用过程中，采用新型建筑材料，合理设计建筑围护结构的热工性能，提高采暖、空调、照明、通风、给排水和管道系统的运行效率，提高建筑物中的能源利用率，即在保证提高建筑物舒适度的前提下，合理使用能源，不断提高能源利用效率。

5.1.3 建筑节能是农村建设发展的需要

改革开放以来，随着农民生活水平的逐步提高，目前农村住宅建设已进入了更新换代的高峰时期。在广大农民奔向小康的同时，村镇住宅的能源消费水平也同时发生着前所未有的变化。现在，我国农村民用建筑商品能耗总量和单位面积的商品能耗量均高于城市建筑。据统计，我国现有住房总面积 400 亿 m^2，农村住房总面积 240 亿 m^2，预计到 2020 年我国住房总面积将新增 300 亿 m^2，农村住房总面积将新增 170 亿 m^2。如何在促进我国新农村建设和保证农民生活水平进一步提高的前提下，营造出一个健康、舒适和安全的室内建筑环境，而不造成能源消耗的大幅度增长，是我国农村建设必须面对和解决的战略性问题。我们应该提倡和大力发扬、合理利用新能源和建造节能性建筑，建造资源节约型和环境友好型社会。

5.1.4 建筑节能是适应人们生活水平提高的需要

随着农村现代化建设的发展，我国农民的生活水平不断提高，他们对自己的居住条件的要求也越来越高，舒适的建筑热环境日益成为人们生活的需要。长期以来，我国北方农村地区建筑特点是占地多，建造技术水平低，缺乏科学性，甚至是忽视最基本的建筑热工性能和舒适性要求，特别是缺乏统一的建筑规划，能源利用率低，导致其建筑土地利用率低，保温隔热性能差，能耗大，舒适度低。因此，为了提高农民生活质量，应以改善居住条件为重点，科学制定农村建筑规划体系，因地制宜地在广大北方农村地区推广建筑节能技术，发展节能建筑。建筑节能是发展建筑业的需要，我国建筑节能的范围包括：建筑采暖、空调和照明的节能，并与改善建筑舒适性相结合。

5.2　住宅节能相关知识

5.2.1　节能型住宅的基本知识

随着绿色节能型住宅建设的规范，节能型住宅建筑质量的提高，节能型住宅使用寿命的延长，节能型住宅居住功能的改善，农民居住健康安全的提升，为促进绿色建材及绿色建筑新技术的推广应用，节能型住宅建设势在必行。

1. 节能型住宅的内涵

绿色节能型住宅是指安全实用、节能减废、经济美观、健康舒适的新型农村住宅。

绿色建材是指在生产、使用全过程内可减少对天然资源消耗、减轻对生态环境影响，并具有“节能、减排、安全、便利和可循环”特征的建材产品。

2. 节能型住宅要求

国家现行有关标准及绿色节能型住宅建设导则适用于绿色节能型住宅的设计、新建、改造以及传统节能型住宅的改良提升。节能型住宅要求：

（1）绿色节能型住宅建设应从设计、施工全过程综合考虑提升建筑质量，增强防灾减灾能力，延长正常使用寿命。

（2）绿色节能型住宅建设应充分考虑经济性，建设成本符合当地农村经济发展状况及农民生活水平。

（3）绿色节能型住宅建设应提升建筑水电暖等设施设备质量，提高农民生活舒适性，提升居住功能。

（4）绿色节能型住宅节能设计应尽量使用被动技术改善保温隔热通风性能，避免使用复杂设备，有条件的地方应推广使用可再生能源。

（5）绿色节能型住宅建设应采用绿色的、经济的、乡土的建材产品，充分利用、改造现有房屋和设施，重视旧材料、旧构件的循环利用。

（6）绿色节能型住宅建设应避免对周围环境的污染，提升室内环境质量，保障农民健康安全。

（7）绿色节能型住宅建设应考虑地域性，顺应当地气候特征，与周边自然环境和谐共生，尊重当地民族特色及地方风俗。

（8）传统节能型住宅要保留其地域、民族特点，改良传统建造技术，提升建筑质量和居住功能。

5.2.2 节能型住宅的质量安全

绿色节能型住宅建设应从选址、基础、材料、结构、墙体等方面注重提升质量安全，在经济承受范围内最大限度落实各项防灾减灾措施，一般保证节能型住宅实际使用寿命在35年以上。

绿色节能型住宅建设选址应处于安全地带，对可能受滑坡、泥石流、山洪等灾害影响的地段应采取技术措施处理，并通过相关部门组织的技术论证。应符合各类保护区、文物古迹的保护控制要求。

绿色节能型住宅地基及基础设计应符合《建筑地基基础设计规范》GB 50007—2011，抗震设防类别应符合《建筑工程抗震设防分类标准》GB 50223—2008，且不应低于丙级。

绿色节能型住宅的主体结构、梁柱、围护结构、楼板楼梯的质量要求应符合《农村危房改造最低建设要求（试行）》。

绿色节能型住宅的钢材、水泥、墙材、门窗等建材和制品应符合相关技术标准要求。给排水、电气、燃气、供暖等设施设备应具有性能检测报告及产品合格证，安装过程安全规范。

绿色节能型住宅建筑施工应由有资质的施工企业或建筑工匠承担。对于集中统建的绿色节能型住宅项目应纳入建筑工程质量安全监督管理范围。两层或两层以下的农民自建房可由农民选择具备相应资质的施工企业或农村建筑工匠承接施工，接受村镇建设管理部门指导。

绿色节能型住宅必须考虑防火分隔，当不能设置防火墙时，应按照《建筑设计防火规范》GB 50016—2014 和《农村防火规范》GB 50039—2010 要求设置防火间距。相对集中的聚居区要充分利用各种天然水体作为消防水源或设置储水池，配备必要的消防设施。

绿色节能型住宅建成后应定期维护，及时维修更换老化、受损建筑部品或构件。

5.2.3 节能型住宅的气候分区与建筑节能

绿色节能型住宅的建筑节能应与地区气候相适应，选址、布置、平立面设计应按照不同的气候分区进行选择，根据所在地区气候条件执行国家、行业或地方相关建筑节能标准。

严寒和寒冷地区绿色节能型住宅应有利于冬季日照和冬季防风，并应有利于夏季通风。夏热冬冷地区绿色节能型住宅应有利于夏季通风，并应兼顾冬季防风。夏热冬暖地区应有利于自然通风和夏季遮阳。

严寒和寒冷地区绿色节能型住宅建筑体形和平立面应相对规整，卧室、客厅等主要用房布置在南侧，外窗可开启面积不应小于外窗面积的25％，但也不宜过大，宜采用南向大窗、北向小窗。夏热冬冷、夏热冬暖地区绿色节能型住宅建筑体形宜错落以利于夏季遮阳和自然通风，采取坡屋顶、大进深，外窗可开启面积不应小于外窗面积的30％。

严寒和寒冷地区绿色节能型住宅出入口宜采用门斗、双层门、保温门帘等保温措施，设置朝南外廊时宜封闭形成阳光房，采用附有保温层的外墙或自保温外墙，屋面和地面设置保温层，选用保温和密封性能好的门窗。夏热冬冷地区和夏热冬暖地区绿色节能型住宅外墙宜用浅色饰面，东西向外墙可种植爬藤或乔木遮阳，采用隔热通风屋面或被动蒸发屋面，外窗宜设置遮阳措施。

绿色节能型住宅应提升炊事器具能效。炉灶的燃烧室、烟囱等应改造设计成节能灶，推广使用清洁的户用生物质炉具、燃气灶具、沼气灶等，鼓励逐步使用液化石油气、天然气等能源。有供暖需求的房间推广采用余热高效利用的节能型灶连炕，房间面积小的宜推广采用散热性能好的架空炕，房间面积大的宜推广采用火墙或落地炕。

绿色节能型住宅建设应将可再生能源应用作为重要内容。在太阳能资源较丰富的地区，宜因地制宜通过建造被动式太阳房、太阳能热水系统和太阳能供热采暖系统充分利用太阳能。在具备生物质转化技术条件的地区，应将生物质能源转换为清洁燃料加以利用，优先选择生物质沼气技术和高效生物质燃料炉。有条件的地区应用地源热泵技术时应进行可行性论证，并聘请专业人员设计和管理。

5.2.4 节能型住宅的环境与健康

绿色节能型住宅建设应尽量保持原有地形地貌，减少高填、深挖，不占用当地林地及植被，保护地表水体。山区节能型住宅宜充分利用地形起伏，采取灵活布局，形成错落有致的山地村庄景观。滨水节能型住宅宜充分利用河流、坑塘、水渠等水面，沿岸线布局，形成独特的滨水村庄景观。

绿色节能型住宅设计应在建筑形式、细部设计和装饰方面充分吸取地方、民族的建筑风格，采用传统构件和装饰。绿色节能型住宅建造应传承当地的传统构造方式，并结合现代工艺及材料对其进行改良和提升。鼓励使用当地的石材、生土、竹木等乡土材料。属于传统村落和风景保护区范围的绿色节能型住宅，其形制、高度、屋顶、墙体、色彩等应与其周边传统建筑及景观风貌保持协调。

绿色节能型住宅庭院应充分利用自然条件和人工环境要素进行庭院绿化美化，绿化以栽种树木为主、种草种花为辅。

绿色节能型住宅主要围护结构材料和梁柱等承重构件应实现循环再利用。在保证性能的前提下，尽量回收使用旧建筑的门窗等构件及设备。

绿色节能型住宅应使用对人体健康无害、对环境污染影响小的保温墙体、节能门窗、节水洁具、陶瓷薄砖、装饰材料等绿色建材。

绿色节能型住宅应通过良好的设计，合理组织室内气流，防止炊事油烟排放造成的室内空气污染和中毒。保持室内适宜的温湿度，防治潮湿和有害生物滋生。

绿色节能型住宅应按照国家现行标准建设农村户用卫生厕所，推广使用“三格式”化粪池，并可与沼气发酵池结合建造。水资源短缺地区宜结合当地条件推广新型卫生旱厕及粪便尿液分离的生态厕所。

绿色节能型住宅生活用水水质应符合《农村实施〈生活饮用水卫生标准〉准则》，并保证每人每天可用水量。水资源匮乏的地区，应发展雨水收集和净化系统。

绿色节能型住宅生活垃圾应进行简易分类，做到干湿分离。生活污水不得直接排入庭院、农田或水体，应利用三格式化粪池等现有卫生设施进行简易处理。有条件的地区，可采取户用生活污水处理装置或集中式污水处理装置对生活污水进行处理。

5.2.5 节能型住宅的改造

推广传统节能型住宅要符合农村实际，体现农村特色，要做到就地取材、经济易行、施工简便，要为当地居民认可，易复制和推广。

经评估认定结构安全性能尚好的传统节能型住宅建筑，可通过适度改造更新，在充分利用和发挥其自身传统节能特性、保持其原有空间格局和地域传统风貌的前提下，优化功能布局，全面提升居住环境质量和舒适度。

传统节能型住宅改造应避开建筑主体结构，且不能显著影响其外立面的风貌，局部影响外观的改造应尽量采用传统工艺和做法。如需进行较大改造或引入现代设施时，应选择不影响传统节能型住宅总体外观的背面或院落内部进行改造。

在冬季寒冷地区，针对传统节能型住宅屋面、门窗等保温节能相对薄弱的外围护构件，应优先利用地方传统经验进行改造，尽量使用本地传统绝热材料和被动式节能技术。在夏季炎热地区，针对部分传统节能型住宅室内存在的湿热问题，优先通过屋面加入隔热材料、利用阁楼及其孔洞形成对流式绝热间层、根据夏季主导风向开设高窗或孔洞等被动式节能措施，来提升围护结构绝热性能，增强室内通风效果。

对于传统节能型住宅室内采光环境的改造，应优先选用本地适宜的传统采光解决方案，如采光井、老虎窗等采光方式。如需改造原有门窗，应充分利用传统建筑材料和工艺，尽量避免直接采用铝合金窗、钢窗、彩色玻璃等节能效果差且与传统节能型住宅不相协调的构件。新型门窗的增设应在不影响结构安全的前提下，尽量避开影响建筑外观的立面进行改造。

传统节能型住宅中火炕、火墙、灶连炕、架空炕等节能效率高的既有传统采暖设施，应尽可能予以保留和再利用。如有条件可充分结合太阳能、生物能、地源热泵等清洁能源的利用予以优化改造，形成更加高效、清洁的被动式取暖系统。

西北、西南夯土节能型住宅大量分布的地区，宜推广新型抗震夯土节能型住宅，选用现代夯筑技术，优化砂、石、土原料级配。对墙基等部位宜在夯土土料中掺入一定比例的熟石灰或水泥等添加剂，增强其承载能力和防水防潮性能。

传统节能型住宅中引入用电、通信、上下水、煤气管网、洗手间、淋浴等设施，应在不影响房屋结构安全性和满足防灾减灾要求的前提下，尽可能集中隐蔽设置。

5.3 农村住宅节能设计

5.3.1 节能型住宅的建筑功能

绿色节能型住宅设计应充分考虑居住实态和家庭构成，布局应紧凑方正，空间划分上基本做到寝居分离、食寝分离、净污分离。北方地区卧室宜临近厨房，便于利用厨房余热采暖。南方地区卧室宜远离厨房，避免油烟和散热干扰。

绿色节能型住宅居住空间组织宜具有一定的灵活性，可分可合，满足不同时期家庭结构变化的居住需求，避免频繁拆改。

绿色节能型住宅应依据方便生产的原则设置农机具房、农作物储藏间等辅助用房，并与主房适当分离。

绿色节能型住宅功能分区应实现人畜分离，畜禽棚圈不应设在居住功能空间的上风向位置和院落出入口位置，基底应采取卫生措施处理。

绿色节能型住宅应高效利用、合理规划庭院空间，根据农民生活习惯，安排凉台、棚架、储藏、蔬果种植、畜禽养殖等功能区。鼓励发展垂直立体庭院经济，在空间上形成果树种植、畜禽养殖、食蔬菜种植、居住、农产品加工的立体集约化模式。

绿色节能型住宅厨卫上下水应齐全，上水卫生、压力符合相关规定，下水通畅且无渗漏，洗漱用水与粪便独立排放。

绿色节能型住宅应根据当地实际和农民需求，配套设置电气、电视接收、电话、宽带等现代化设施，设置相应的使用接口和分户计量设备。

5.3.2 充分利用自然资源，以达到节约能源的目的

1. 建筑朝向与建筑节能

建筑朝向对建筑物获得的太阳辐射热量，以及通过门窗缝隙的空气渗透传热等有很大影响。冬季主要是通过围护结构传热及通过门窗缝隙的空气渗透而失热。研究结果表明，完全相同的两栋建筑物，位于东西向比南北向的建筑能耗要增加5.5%左右。夏季主要是通过围护结构传热及通过门窗缝隙的空气渗透而传热，其中太阳辐射热量是空调能耗的主要组成部分。在窗墙面积比为30%时，东西向比南北向房间的空调运行负荷，要增加24%～26%左右。

2. 自然通风与建筑节能

自然通风与建筑能耗的关系，取决于室外的气象条件。在我国大部分地区，春秋季节的室外气温舒适宜人，采用自然通风的方式，取代空调制冷系统，改善室内热舒适环境，增进人体健康。通过空调形成恒温的室内环境，不仅大量耗能，还会使人体抵抗力下降而生病。在夏季也可以利用室外温度较低的时段，采用自然通风的方式，降低围护结构的蓄热温度，改善室内热舒适环境，以达到建筑节能的目的。

3. 在建筑设计中如何做到自然通风

（1）建筑形体设计与自然通风

住宅的不同造型将会使室外风环境对建筑的影响产生不同的反应，如采用局部架空或者顶部退台设计，创造了相对开敞的空间体系，顶部退台可减缓建筑对后排的挡风，结合退台形成的大露台，可将室外风充分引入到室内，为改善室内通风条件创造良好的外部条件。

（2）建筑开窗设计与自然通风

建筑外檐窗的合理设计，是自然通风、采光在建筑设计中的具体体现。合理的气流组织也是影响自然通风效果的关键因素。窗户在建筑中所处的位置、窗户的大小及尺寸、窗户的形式和开启方式、窗墙面积比等的合理设计，均直接影响着建筑物内部的空气流动及通风效率。当风吹向建筑物正面时因受到建筑物表面的阻挡而在迎风面上产生正压区气流，再向上偏转同时绕过建筑物各侧面及背面，在这些面上产生负压区，从而形成风压。而这个压力差与建筑形式、建筑与

风的夹角以及周围建筑布局等因素相关。

外檐窗的位置与室内通风效率关系极为密切。首先需要注意形成通风的气流出入口是否存在风压，如在同一方向开设的两个窗户间并不能形成通风，因为他们之间没有空气压力差，但当主导风与建筑成一定角度时，加大窗户间的距离，则可有效地增加窗户间的风压差，达到室内较好的自然通风效果。如何有效地利用窗户来实现自然通风，在很大程度上取决于窗户的位置以及开启形式。为了达到自然通风的目的，窗户的位置及开启形式同样需要根据实际情况来选择。如图5-1所示，充分利用风压通风的基本原理，一些简单的设计即能创造出比普通开启形式的窗好很多的通风效果。

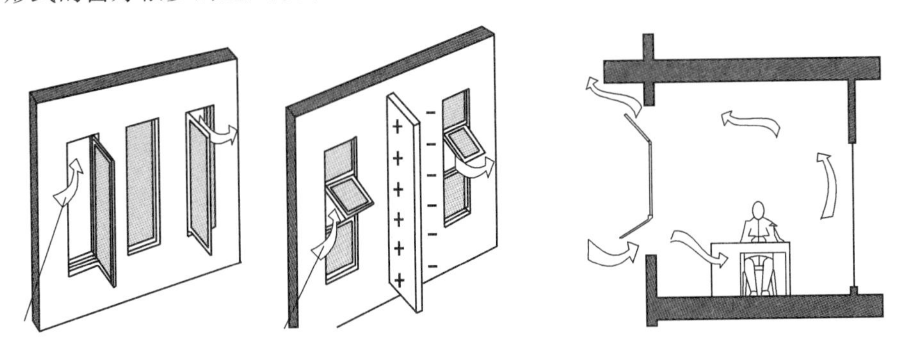

图 5-1 窗户的位置及开启形式

1）利用风压来实现建筑自然通风

首先要求建筑要有较理想的外部风环境（平均风速一般不小于 3～4m/s），其次建筑应面向夏季主导风向，房间进深较浅（一般以小于 14m 为宜）易于形成穿堂风，此外由于自然风变化幅度较大，在不同季节不同风速、风向的情况下，建筑应采取相应措施（如适宜的构造形式，可开合的气窗、百叶等）来调节室内气流状况。例如冬季在保证基本换气次数的前提下应尽量降低通风量以减小热损失。从这一点看，寒冷地区村镇住宅完全有实现自然通风的外部条件。

2）利用热压实现自然通风

自然通风的另一原理是利用建筑内部空气的热压差——即通常讲的“烟囱效应”来实现建筑的自然通风。利用热空气上升的原理，在建筑物上部设排风口可将污浊的热空气从室内排出，而室外新鲜的冷空气则从建筑底部被吸入。热压作用与进、出风口的高差和室内外的温差有关，室内外温差和进、出风口的高差越大，则热压作用越明显。在建筑设计中，可利用建筑物内部贯穿多层的竖向空腔——如楼梯间、中庭、拔风井等满足进排风口的高差要求，并在顶部设置可以控制的开口，将建筑各层的热空气排出，达到自然通风的目的。与风压式自然通风不同，热压式自然通风更能适应常变的外部风环境和不良的外部风环境。

3）风压与热压相结合实现自然通风

在建筑的自然通风设计中，风压通风与热压通风往往是互为补充、密不可分的。一般来说，在建筑进深较小的部位多利用风压来直接通风，而进深较大的部位则多利用热压来达到通风效果，如图 5-2 所示。

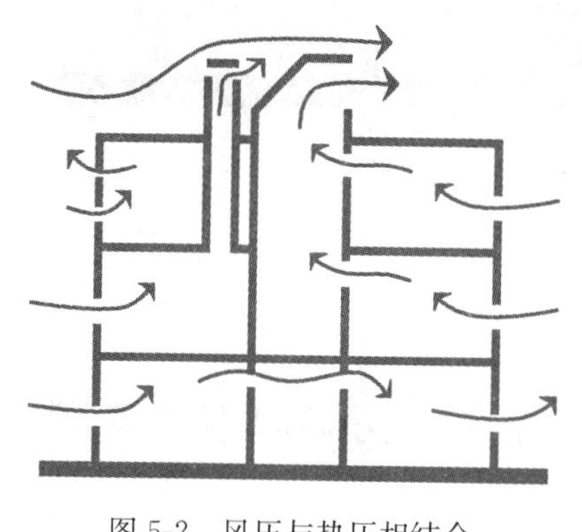

图 5-2 风压与热压相结合实现自然通风

（3）平面户型设计与自然通风

为确保良好的自然通风条件，保证室内能拥有足够的新鲜空气，并使室内产生的污染物和污浊空气可被迅速带出室外。在室内使用功能设计布局中，应综合各要素及自然通风条件组织房间的布局（卧室、客厅、厨房及卫生间位置），使通风路线畅通。

1）定义新风路径，形成通畅的通风流线。

2）在室内布局上，应该注意南北向房间门窗互相对应，保证水平通风的通畅和均匀。

3）尽量使每户都有穿堂风。最好是户外新鲜空气直接入户，穿户出来的污浊空气不直接进入另一户。

4）要考虑单一户型在整个组合平面中的平面位置。对不同的户型和楼型，要有针对性地进行分析，并进行优化调整。

5.3.3 农村住宅节能优化设计

建筑总体规划布局应满足节能要求，然而单体建筑节能设计也是问题的关键。规划是做好建筑节能设计的基础，而单体设计是建筑节能设计的关键技术阶段。单体建筑节能设计主要体现在建筑体形的选择，建筑平、立、剖面设计，以及局部构造设计，以下主要从三个方面进行分析。

1. 建筑体形的优化设计

（1）建筑形体与建筑节能

建筑形态的变化直接影响建筑采暖、空调能耗的大小，建筑节能设计中的关键指标之一是体形系数，即建筑物与室外大气接触的外表面积 F_0 与其所包围的体积 V_0 的比值。体形系数越大，外表面积就越大，因而热损失也就越大。从节能的角度讲，应将体形系数控制在一个较低的水平，用尽量小的建筑外表面积来围合尽可能大的建筑内部空间体积。F_0/V_0 越小则意味着外墙面积越小，也就是能量流失途径越少，越具有节能意义。建筑形态复杂，凹凸太多，就会造成外表面积增大，从而造成建筑能耗增加。

建筑设计要综合考虑建筑造型、平面布局以及采光通风等要素，权衡利弊，在兼顾设计总体合理的前提下，满足节能设计的要求，将体形系数控制在合理的范围内。

依据相关标准要求，建筑物的体形系数宜控制在 0.3 以下，北方大中形城市中高层、多层居住建筑的体形系数一般控制在 0.3～0.4 之间。在农村住宅节能设计的诸要素中，体形系数的控制至关重要。对建筑体形进行优化设计，将体形系数控制在合理的范围内。

（2）影响因素

1）住宅形式：农村居民传统的住宅形式受其生产、生活行为及居住方式等制约，主要以户为单位的 1～2 层独立式住宅；建筑面积在 60～80m^2之间；体形系数多在 0.58～0.8 之间。

2）经济因素：农村住宅设计同时还必须适应农村现实的经济条件，及农民个人的经济承受能力。

3）技术要素：应综合考虑节能设计与住宅建筑的平面布局、空间组织、结构形式以及造型特点等要素，因地制宜，突出地方特色，满足当地农民的实际需求。

（3）技术措施

1）组合形式

独栋院落式：这种类型一般适合家庭成员较多，每户建筑面积在 $200m^2$ 以上的农房经营型住宅，目前在经济条件较好的地区，可少量控制采用，但此类型不利于提高土地的利用率，且单体造价也较高。

低层联排式：将 2～3 层单户住房水平并联组合成一幢建筑，这种形式称为低层联排式。比较适合于纯农村社区成片规划和开发建设。联排式组合布局既可节约土地，还可节省室外工程设备管线，降低工程总造价，其体形系数也可以控制在合理的范围内。

多层单元式：多层单元式，为多户住房竖向叠加、水平组合成一幢建筑，由于单元式住宅建筑布局紧凑，便于成片规划和开发，更有利于提高容积率、节约土地，所以近年来多层单元式住房在经济较发达地区的新建居住小区内已大量运用，但是如何才能使每户单元平面的组成形式适应村镇居民的生产生活特点、习惯和生活方式，还需在设计实践中不断地调查研究、摸索探询，以满足各地农村居民不同的实际需求。

2）建筑进深

从冬季得热最多的角度考虑，应尽量增大南向得热面积，往往要求建筑进深小，长宽比大。但如建筑朝向偏离正南方向，长宽比对日辐射得热的影响就逐渐减少。从表 5-1 可见，当建筑物的高度和长度一定时，宽度（即建筑物进深）越大体形系数就越小，而且减小的幅度比较大，即宽度每增加 2m 其体形系数就可降低 1%～2.5%。因此，综合考虑影响住宅进深的设计因素如采光、日照等，最大限度地增加建筑物的进深，减小体形系数，达到节能的目的。

建筑宽度与体形系数的关系 **表 5-1**

建筑宽度（m）	8	9	10	12	14	16	18
体形系数（S）	0.45	0.42	0.40	0.367	0.34	0.32	0.31

3）建筑体形

建筑物的体形与节能有很大关系，节能建筑的形态不仅要求体形系数小，即围护结构的总表面积越小越好，而且需要冬季辐射得热多，另外还需要避寒风。但满足这三个要求所要的体形常不一致。而避寒风又受着地区、朝向和风环境的极大影响，因此具体选择节能体形受多种因素制约，包括当地冬季气温和日辐射照度、建筑朝向、各墙面围护结构的保温状况和局部风环境状态等，需要权衡得热和失热的具体情况，优化组合各影响因素，综合考虑才能确定。

2. 建筑平面的优化设计

(1) 热环境的合理分区

由于人们对不同房间的使用要求及在其中的活动状况各不相同，对不同房间内热环境的需求也各异。在设计中可根据对热环境的需求进行合理分区，即将热环境要求相近的房间相对集中布置，例如主要房间（如起居室、卧室等）的温度等环境条件要求较高，可以布置于朝向较好、自然舒适度好的南向区域，以保证室温；室内温度要求较低的房间（如厨房、走道等）置于冬季温度相对较低的区域内，既可利用主要房间的热量流失加热辅助空间，又可作为主要房间热量散失"屏障"，达到室内热稳定，使能源得到充分利用。

(2) 温度阻尼区的设置

为了保证主要使用房间的室内热环境，可在该热环境区与温度很低的室外空间之间，结合使用情况，设置各式各样的温度阻尼区。对这些区域采取相应的保温措施，使得这些阻尼区就像一道"热闸"，减少房间外墙的传热损失，从而减少了建筑的渗透热损失。例如，设于南向的封闭阳台空间作为一个阳光室，介于室内与室外之间，成为两者之间的缓冲区和过渡带，充当着中间协调者的角色，使自然界的冷热变化不会直接作用于居室内部，这样经过阳光室间接传递后的环境作用力大大降低了，从而改善了居室的热舒适环境。

3. 建筑立面的优化设计

(1) 窗墙面积比值与建筑节能

窗墙面积比是指窗户洞口面积与同朝向房间立面单元面积的比值。窗墙面积比反映房间开窗面积的大小，是建筑节能设计标准的一个重要指标。窗墙比对建筑能耗的影响，主要取决于窗与外墙之间热工性能的差异，相差越大，影响越显著。研究结果表明，在寒冷地区，即使是南向窗户太阳辐射得热，当窗墙面积比值增大时，其建筑采暖能耗也会随之相应增加，对建筑节能不利。在夏季空调建筑中，空调运行负荷会随着窗墙面积比值增大而增加。大面积的窗户，特别是东西向的窗户，对空调建筑的节能极为不利。窗墙比不仅影响能耗，也影响建筑立面效果、室内采光、通风等。因此必须将不同朝向的窗墙比控制在合理的范围内，同时应利用高新科技大幅度提高窗的热工性能。

（2）采取必要的遮阳装置

在合理确定窗墙比的前提下，有效的遮阳措施是减少夏季建筑室内得热过多而需采取的必要设计手段。常用的遮阳装置有：固定遮阳装置、活动遮阳装置、遮阳纱幕、绿化遮阳等。

绿化遮阳是一种既经济又美观的遮阳方式，特别适合于农村低层住宅建筑。在自家院落内种植有利于遮阳的植物，使之作为夏季遮挡太阳辐射的一种特殊的建筑组成部分，纳入到建筑设计中。绿化遮阳不同于建筑构件遮阳之处在于能量流向，普通建筑构件遮阳并没有减少太阳的能量，表面温度会显著增高，其中一部分能量还会通过各种方式向室内传递，但是绿色植物是把拦截的太阳辐射吸收和转换，其中大部分消耗于自身的蒸腾作用，叶面温度能保持在较低的范围之内，而且植物在这一过程中除将太阳能转化为热效应外，还能吸收周围环境中的能量，从而降低局部环境温度，形成能量的良性循环利用。另外，植物还起到降低风速、提高空气质量的作用，综合效能优势明显。最佳的遮阳植物是落叶乔木，大多数乔木都是随着气温的变化生长和凋落。落叶乔木的另一优点是费用低，美观愉悦的品质，减少眩光的能力，私密性以及通过树叶的蒸发效应降低气温的能力。蔓藤植物也能够有效地遮挡太阳，它不仅能够遮挡窗户还能够有效地降低墙面温度。夏季采取建筑遮阳具有巨大的节能潜力，改善室内热环境，调节室内光线分布，防止眩光，减少紫外线的破坏。精心设计的遮阳措施还可以帮助创造室内光环境。

5.3.4 新型节能保温材料及构造措施

1. 外檐墙体节能设计

外檐墙体是建筑物的重要组成部分，是承重及建筑物传热的主要部分，对住宅的使用寿命、采暖能耗和舒适性的影响很大。在一些发达国家，由于人口较少，土地相对宽松，城市郊区及乡镇建筑物均为一二层结构，很大一部分人愿意居住在距城市有一定距离的低层建筑中。这些建筑物大多数是以木结构和钢结构为主，以标准的墙板和配套装饰材料或整套的墙体保温隔热体系为主的围护结构，基本上为装配化节能建筑体系，居住舒适，节约能源，并达到了环保要求。目前，西方发达国家不满足于已取得的效果和成绩，进一步研究新型的节能建筑，并提出生态建筑和零能耗建筑。目前我国也正在研究走装配化道路，实现工厂化生产，现场组装，各种材料和技术统一配套。

针对我国北方地区村镇的不同气候、不同地理环境、不同经济条件，提出适合农村居住建筑的外檐墙体材料及构造形式、施工工艺等技术，避免出现简单复制不适宜村镇建筑的城市建筑围护结构节能技术的情况，防止造成资金和能源的浪费。依据节能保温的需要及国家墙体材料改革所提出的进一步加大淘汰实心黏土砖的要求，农村居住建筑墙体应因地制宜。根据大多数农民的生活习惯，目前农村居住建筑多为2～3层，其重点研发采用的外檐墙体材料有节能型承重烧结黏土多孔砖、结合工业废渣研制的承重煤矸石砖、粉煤灰砖及小型混凝土砌块。北方农村目前试行的新型节能墙体材料和结构主要有以下几种：

（1）节能复合墙体

在北方寒冷地区，由于农户自身保暖意识增强，在新建住宅中多采用节能复合墙体，其主要形式以黏土多孔砖或混凝土砌块为承重墙体的主要材料，在墙体外部、内部或中间设置保温层，分别称为外保温墙体、内保温墙体、夹芯保温墙体。农民多选用中间设置保温层的复合墙体结构，主要原因是农民自己建房，外保温施工技术较为复杂，外饰面处理不好容易开裂，而内保温又容易引起内墙面裂缝以及不能在墙上钉钉等诸多因素，中间保温复合墙体相比之下简而易行。

（2）草砖墙

草砖墙是近几年在北方严寒地区新兴的一种节能保温墙体，草砖墙以黏土砖或钢筋混凝土为主要承重部件，非承重部分用草砖填砌。草砖的原材料主要是小麦、大麦、黑麦或稻谷等谷类植物的秸秆，利用打捆机将稻草或麦秸压缩成具有一定模数要求的草砖块，草砖的利用不仅可以消化掉农业生产的垃圾，对环境污染小，而且还具有良好的保温效果。但是对于墙面裂缝、防潮、防虫等问题仍需要研究解决。

（3）草板墙

草板墙也是一种新兴的节能保温墙体，目前主要有两种做法：一种是草板内保温黏土砖复合墙体；另一种是钢框架预制草板墙体。其外墙内部承重为方管构成钢架结构，内外各安装纸面草板，两层草板之间采用岩棉填充，草板外表面平整，可直接刷白灰，挂钢丝网，贴瓷砖，草板墙传热系数小，保温性能好，但要采取加强措施，解决草板接缝处的保温和防裂。

（4）薄壁混凝土岩棉复合外墙板、泰伯板、舒乐板等

这些墙板保温效果良好，较好地发挥了墙体材料本身对外界环境的防护作用，同时造价较低。但施工时要求填充严密，避免内部形成空气对流，并做好内外墙体间的拉结，特别是在地震区更要重视做好细部的节点构造处理。

2. 屋面节能设计

建筑屋面作为建筑物顶部的围护结构，直接受到太阳辐射，是建筑物顶部和外界进行能量交流的重要通道。相对于村镇多层、低层的居住建筑，屋面的能耗占建筑总能耗的7%～8%，其保温性能的优劣对建筑室内热环境影响很大，屋面节能对于建筑物节能具有相当重要的作用，提高屋面的保温性能是建筑节能和改善居住条件的重要环节。同时屋面保温效果的优劣，不仅影响建筑物的能耗，还对顶层墙体的开裂有重要影响。如果屋面保温效果不好，结构层会由于温差过大胀缩变化剧烈，导致墙体特别是顶层墙体的开裂。所以，加强屋面的保温隔热性能，不仅是建筑节能的需要，同时也是预防因温度变化出现墙体开裂的重要手段。

屋面保温主要是在屋面构造中设置保温材料构造层（如采用聚苯乙烯、挤塑聚苯乙烯、硬质发泡聚氨酯保温层、膨胀珍珠岩等，其导热系数低，且热阻高），通过增大屋面热阻来达到节能的效果。目前适应我国农村寒冷地区气候特点的屋面保温形式主要有屋顶外保温及吊顶保温两种形式。

3. 外檐门窗节能设计

在建筑外围护结构中，与墙体和屋面相比，门窗是外围护结构热工性能的最薄弱环节，然而窗户又是住宅热交换、热传导最活跃、最敏感的部位，因此，改善窗户的隔热保温性能，是节约能源、提高居住舒适度的一个主要方面。窗户的节能设计应从控制窗墙面积比、改善窗户保温性能、减少窗户冷风渗透三方面着手。窗墙面积比确定的基本原则是依据不同地区、不同朝向的冬夏日照情况及时间长短、太阳总辐射强度、阳光入射角大小、冬夏季季风影响、室外空气温度、室内采光设计标准以及开窗面积与建筑能耗所占比率等因素综合考虑确定的。处理好各朝向的开窗面积及对窗户的保温性能的要求是建筑节能设计中的关键问题。

（1）窗户的朝向：南向在冬季照射的太阳辐射热量最大，而在夏季小，东西向夏季的辐射热量大于南向，因此采用南向窗可以得到冬暖夏凉的效果。目前农村居住建筑多采用南向开设较大外窗，适当开设东西向窗，减少或不设北向窗，以达到多获取太阳能而减少热损失的目的。此外主导风向也影响着室内热损程度及夏季室内的自然通风，因此在选择窗的朝向时，应在考虑日照的同时注意主导风向，主要居室及窗的布置，避免对着冬季主导风向，以免热损耗过大，影响室内温度。

（2）窗户的形状：窗户面积一定时，窗户形状不同，对室内日照时间和日照面积也有一定影响。在窗户面积确定的条件下，不同的朝向应尽量采用日照面积大，使室内日照时间长的窗户形状，从而增加建筑物的得热量达到节能目的。

（3）提高门窗保温性能的措施

1）采用双层中空玻璃窗提高窗户保温性能

2）改善中间空气间层的气体状态

空气的导热传热性能差，但对流换热性能好，为提高空气间层的保温性能，避免或减少空气的对流换热，空气间层必须是密闭状态亦称中空状态，甚至是真空状态，确保空气间层发挥保温作用。

3）提高窗户的密封性能

在墙与窗框之间，窗框与窗扇之间，窗扇与玻璃之间都存在着一些不可避免的缝隙，这些缝隙是窗热量传递的主要途径，窗缝的冷风渗透的热损失约占窗户总热损失的1/3～1/2，因此加强窗户的严密性，减少窗户的缝隙十分重要。

4）尽量减少窗户在夜间的热消耗

由于窗户的热损失主要是在夜间及阴天发生，因此，给窗户增加一些辅助保温措施十分必要。例如可在窗户上加一层保温窗板或在窗内侧增设带有反射绝热材料的保温窗帘，它们均可以使窗户的保温效果得到提高，达到明显的节能效果。

5）外门应采用双层

外门采用双层三夹板内填厚矿棉或珍珠岩，门四周设防寒条。尺寸较大的门可装设保温门帘，或保温木挡板。

4. 地面保温节能设计

地面热工性能也对室内气温有很大的影响，良好的建筑地面，可提高室内热舒适度，有利于建筑的保温节能，在建筑节能设计中应引起足够的重视。地面保温措施的具体做法：一是建筑直接接触土壤的外墙周边地区地面的保温措施，在外墙周边内侧 2.0m 范围内地面垫层以下设置一定厚度的松散状或条板状，且具有一定抗压强度，吸湿性小的保温层；也可在素土夯实上设置 20mm 厚沥青砂浆或一层塑料薄膜，或是采取在地面下铺设碎砖、灰土保温层等措施，提高地面蓄热能力。二是对不采暖的地下室或底部架空层的地板的保温，采取的主要措施是在地板的底面粘贴一定厚度的保温材料。

生活用能与节能 6

6.1 太 阳 能

6.1.1 太阳能资源的特点

太阳能是取之不尽的资源，使用太阳能不会排放出有毒的污染物，这对保护人类生存条件和进行可持续生产十分有利。近几年来，随着技术的不断改进，太阳能利用的许多项目已经进入实用阶段。尤其对能源较为缺乏的农村来说，合理利用太阳能有非常重要的意义。其优点如下：

1. 普遍

太阳光普照大地，无论陆地或海洋，无论高山或岛屿，处处皆有，可直接开发和利用，且无须开采和运输。

2. 无害

开发利用太阳能不会污染环境，它是最清洁的能源之一，在环境污染越来越严重的今天，这一点是极其宝贵的。

3. 巨大

每年到达地球表面上的太阳辐射能相当于约 130 万亿 t 标准煤，其总量属现今世界上可以开发的最大能源。

4. 长久

根据目前太阳产生的核能速率估算，氢的贮量足够维持上百亿年，而地球的寿命也约为几十亿年，从这个意义上讲，可以说太阳的能量是用之不竭的。

6.1.2　利用条件

太阳能是当前既可获得能量，又能减少二氧化碳等有害气体和有害物质排放的可再生能源之一。越来越多的国家开始实行“阳光计划”，开发利用太阳能能源。如美国的“光伏建筑计划”、欧洲的“百万屋顶光伏计划”、日本的“朝日计划”以及我国已开展的“光明工程”等。太阳能每秒钟到达地球的能量达 1.7×10^{14}kW，如果我们把地球表面 0.1%的太阳能转为电能，转变率 5%，每年发电量即可望达到 7.4×10^{13}kW 时，相当于目前全世界能耗的 40 倍。因此，太阳能资源是非常丰富的能源，取之不尽，用之不竭，是人类能够利用的重要能源。

我国幅员辽阔大部分地区太阳能资源丰富，太阳能资源开发潜力巨大。全国总面积 2/3 以上地区年日照时数大于 2000h，理论储量达每年 17000 亿 t 标准煤。大多数地区年平均日辐射量在每平方米 4kW 时以上，陆地面积每年接受的太阳能辐射相当于上万个三峡工程发电量的总和。

6.1.3　利用方式方向

太阳能—热能转换利用技术和太阳能—电能转换利用技术是常见的太阳能利用方式。其中太阳能—热能转换利用技术是太阳能利用技术中效率最高、技术最成熟、经济效益最好的一种，主要包括太阳房、太阳热水器、阳光温室大棚、太阳灶等。而太阳能—电能转换利用技术主要是太阳能光伏发电技术。

1. 太阳房

太阳房是一种利用太阳能采暖或降温的房子，用于冬季采暖目的的叫“太阳暖房”，用于夏季降温或制冷目的的叫“太阳冷房”，通称“太阳房”（图 6-1）。人们常见加之利用的是前一种“太阳暖房”。

按目前国际上的惯用名称，太阳房分为主动式和被动式两大类。

主动式太阳房的一次性投资大，设备利用率低，维修管理工作量大，而且需要耗费一定量的常规能源。因此，对于居住建筑和中小型公共建筑已经为被动式太阳房所代替。

被动式太阳房具有构造简单，造价低，不需特殊维护管理，节约常规能源和减少空气污染等许多独特的优点。被动式太阳房作为节能建筑的一种形式，集绝热、集热、蓄热于一体，成为节能建筑中具有广泛推广价值的一种建筑形式。

被动式太阳房可分为五种类型：

(1) 直接受益式——利用南窗直接照射的太阳能；

(2) 集热蓄热墙式——利用南墙进行集热蓄热；

(3) 综合式——温室和前两种相结合的方式；

(4) 屋顶集热蓄热式——利用屋顶进行集热蓄热；

(5) 自然循环式——利用热虹吸作用进行加热循环。

为了长期有效地利用太阳房的供暖系统，用户必须对太阳能系统中的各有关设备进行经常检查和维护，以保持在良好工作状态。被动式太阳房相当于一种特殊设计的住宅，太阳能供暖系统中没有许多设备，一般不需很复杂的维修。用户应注意做好以下管理：

(1) 注意防止大面积玻璃窗户来自各方面的机械损伤；

(2) 经常对玻璃窗进行擦洗，以便始终保持清洁和良好的透明度；

(3) 经常检查门窗是否密闭严实。发现损坏之处，及时加以修补；

(4) 经常检查并及时消除各部位隔热层可能出现的热桥；

(5) 注意各通风孔道的开闭位置，保持系统处于最佳工作状态。

图 6-1 太阳房实景

2. 太阳能热水器（或系统）

太阳能热水系统类型及工作原理：

太阳能热水系统是利用水作为介质，依靠热虹吸作用进行循环（有时也辅助于机械动力），将太阳辐射热转换为可被建筑使用的热水的一种高效系统（图 6-2），产生的热水主要供洗浴使用，目前该系统在国内的应用尤其在北方地区比较广泛。太阳能热水器系统按其运行方式的不同，主要分为自然循环式和强制循环式两类。在我国，家用太阳能热水器和小型太阳能热水器系统多用自然循环式，而大中型太阳能热水器系统多用强制循环式。

（1）自然循环式（整体式）

技术相对简单，利用冷水直接循环加热后变成热水。

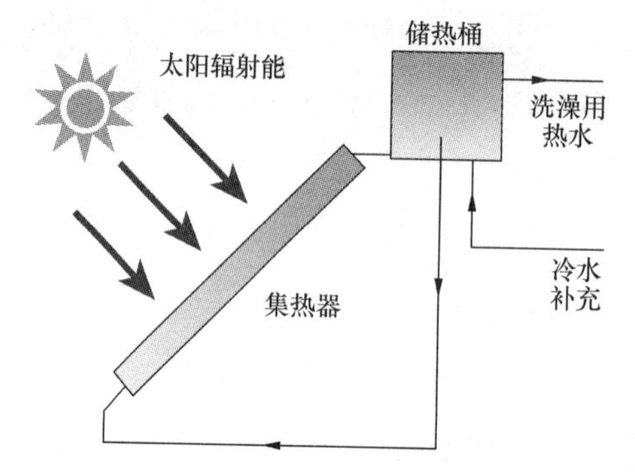

图 6-2　太阳能热水器原理图

原理：利用真空管集热，促使管内水温高于水箱水温，因热水比冷水轻，形成对流，最终使水箱中的温度达到使用所需的温度。

（2）强制循环式（分体式）

强制循环式系统主要由集热器、蓄水箱、水泵、控温器与管道等组成（图 6-3）。它采用防冻液作为循环介质循环加热，再通过热交换器将水箱内的水加热，水不直接参与循环。这种循环方式有下列优点：

1）水箱得以解放出来，可以自由放置，使建筑物的立面效果得以改善；把水箱设置在室内，热损耗小，在寒冷季节也保持一定水温。

2）防冻液不易结冰，且循环管道细而软（直径为 6mm），易于布置，对保温要求相对较低；水不参与循环，不会在集热器内形成水垢，延长集热器使用寿命。

太阳能热水系统的组成：

太阳能热水系统一般由集热器、贮热装置、循环管路和辅助热源组成。

（3）集热器

集热器就是吸收太阳辐射并向载热工质传递热量的装置，它是热水系统的关键部件。目前国内的太阳能集热器主要有平板集热器、真空管集热器。在非冰冻地区可优先采用平板型集热器；在寒冷地区的大面积热水系统可优先采用热管真

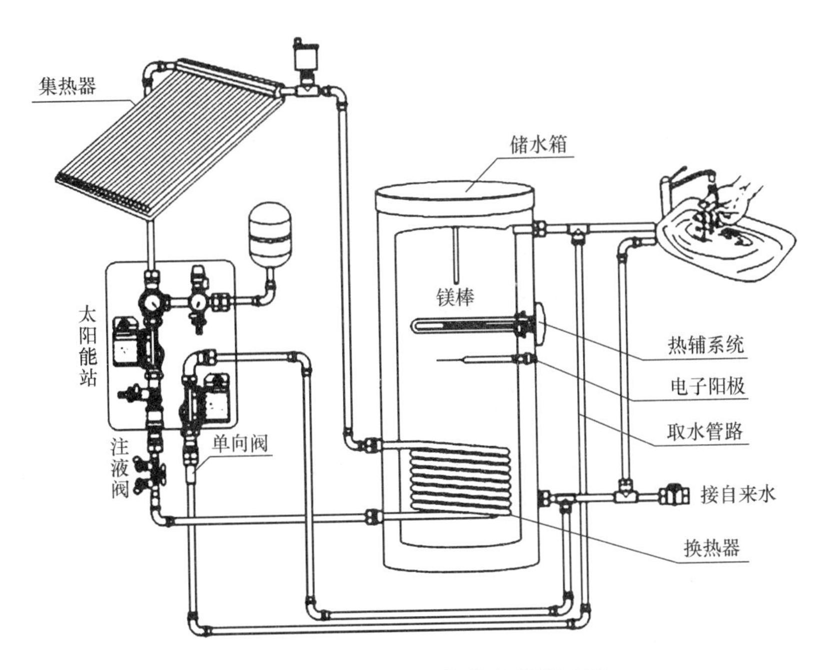

图 6-3 分体式太阳能热水器原理图

空管集热器；在寒冷地区大面积使用全玻璃真空管集热器时，应采取措施提高其承压和抗热冲击能力。

（4）贮热装置

贮热装置是贮存热水并减少向周围散热的装置，贮热装置的贮热效果不仅取决于保温材料性能的好坏，同时也和装置的结构及固定连接方式有关。

太阳能热水系统中水箱是贮存热水的装置，其种类按外形分有方形、扁盒形、圆柱形、球形水箱；按放置方法分有立式和卧式两种；按耐压状态分有常压的开式水箱和耐压的闭式水箱；按是否有辅助热源可分为普通水箱和具有辅助热源的水箱；按换热的方式不同可分为直接换热水箱和二次换热的间接热交换水箱。

（5）循环管路和辅助热源

循环管路的作用是连通集热器和输入装置，使之形成一个完整的加热系统。循环管路设计施工是否正确，往往影响整个热水器系统的正常运行。一些热水系统水温偏低，就是由于管道走向和连接方式不正确。

太阳能热水系统对冬季采暖的辅助作用：

2005年，北京市平谷区将该区将军关村确定为新农村建设试点村。新村建设中，为解决新村建筑的冬季采暖和全年供生活热水“双供”问题，使新村能以较高的标准接待前来观光旅游的客人，同时全面改善远离城镇的农民的居住生活条件，在平谷区政府的支持下，新村86家农户在全国第一次全面采用以太阳能为主要能源，以电和燃煤作为辅助能源的与节能建筑一体化的冬季供暖和全年供热水系统（表6-1）。昔日默默无闻的将军关村现已成为北京东部山区特色旅游的热点，被社会各界赞誉为社会主义新农村建设的典范，成为村民富裕、村容整洁、生活时尚、全面推广使用太阳能的“京东旅游第一村”。

北京市平谷区将军关村新村建筑户型和太阳能集热器安装明细表　　表6-1

序号	户型	栋数	户数	每户建筑面积（m^2）	户型建筑面积（m^2）	每户集热器面积（m^2）	户型集热器面积（m^2）
1	A3	7	14	127.82	1789.48	13.5	189
2	B1	10	20	149.69	2993.8	18.9	378
3	B1a	2	2	151.37	302.74	18.9	37.8
4	B3	10	20	161.84	3236.8	21	420
5	C1	1	2	191.23	382.46	26.4	52.8
6	C3	10	20	204.59	4091.8	28.8	576
7	D1	4	8	201.28	1610.24	28.8	230.4
合计		44	86		14407.32		1884

将军关新村住宅采用以太阳能为主要热源，以电和燃煤作为辅助热源的与节能建筑一体化的冬季采暖和全年供热水系统。该系统由太阳集热部分、电/燃煤保障部分、换热/供热水部分和低温热水地板辐射采暖四部分构成。在采暖期，该系统主要用于建筑供暖，兼顾生活热水供应；在非采暖期，主要用于提供生活热水。

根据实地调查统计，以D1户型为例，200m^2新建住宅用户一年只需要消耗1～2t标准煤，而在过去的将军关村，200m^2老住宅用户使用传统采暖方式，一年消耗5～6t标准煤，节约4t标准煤，节煤量高达2/3以上。

综上所述，以太阳能为主要热源，以电和燃煤作为辅助热源的与节能建筑一体化的冬季供暖和全年供热水系统，在节约资源、保护环境的前提下全年供应生活热水，全面改善了将军关新村农宅冬季室内的空气品质，太阳能热水系统对冬季采暖的功能贡献率达到 2/3 以上。

太阳能热水器的安装要点如下：

（1）选择适当的安装位置及安装倾角：太阳能热水器是依靠太阳辐射能来运行的，因此，要保证有足够的太阳辐射能照射在集热器上。集热器应朝南偏东 10°～15°放置，且要求在集热器的安装位置上不应有遮挡物。

（2）家用太阳能热水器一般是安装在楼顶、房顶、外墙体上，因此，安装时必须考虑到建筑物的承压能力和风载，固定要牢靠。

（3）为保证太阳能热水器正常运行，必须在水箱顶部安装排气管，排气管长度约 1m 左右。

（4）太阳能热水器安装完毕后要进行调试，集热器、水箱和所有管路、阀门无一渗漏后方可投入使用。

（5）太阳能热水器的维护

每年试用期要对热水系统进行一次全面检修。检查有无漏水、渗水现象，盖板有无破损，保护漆层是否完好，集热器间连接软管是否老化，管卡是否脱落松动，水位感受件及其他部件是否灵敏正常，水箱内是否有污物等。如有异常和损坏，要及时修复或更换。

（6）定期清除集热器透明盖板上的污物，以免影响盖板的透过率。如用自来水冲洗，应在早晚气温降低后进行，防止盖板热胀冷缩造成破碎。

（7）北方冬季停用后，把系统内的水全部放净，以防止结冰将热水系统冻坏。

3. 太阳灶

能够把太阳辐射能直接转换为热能，供人们从事炊事活动的炉灶称为太阳灶。太阳灶对缓解我国农村生活燃料短缺的状况，具有重要意义。

目前我国农村普遍使用的太阳灶基本可以分为热箱式太阳灶和聚光式太阳灶。由于聚光式太阳灶具有温度高、热流量大、容易制作、成本低、烹饪时间短、便于使用等特点，能满足人们丰富多样的烹饪习惯，因而得到广泛应用（图 6-4）。

太阳灶在使用过程中必须使入射的太阳光和反射面的轴平行，这样，所有的反射光才能汇聚于设置在焦点处的锅底。太阳的高度角和方位角在一天之中是不断变化的，为了满足上述要求，就要使反射面的轴始终对准太阳，这就叫作跟踪太阳。在太阳高度角跟踪方面，主要有用调节螺杆、用拉杆齿条和用调节套管等调节方法。在方位角跟踪方面，主要有立轴旋转式和小车移动式等方法。

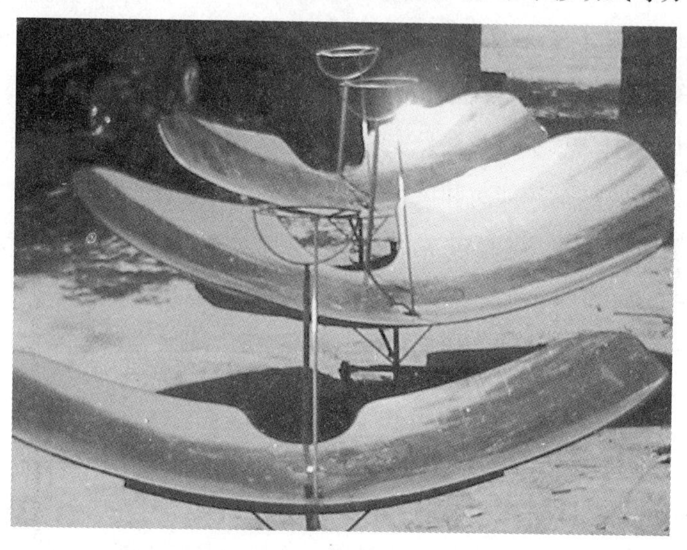

图 6-4　太阳灶

4. 阳光温室大棚

通常是指利用玻璃、透明塑料或其他透明材料作为盖板（或维护结构）建成的密闭建筑物。由于温室大棚是一种密闭的建筑物，由此产生"温室效应"，即将温室大棚内温度提高，并通过对温室大棚内温度、湿度、光热、水分及气体等条件进行人工或自动调节，以满足植物（或禽、畜、鱼虾等）生长发育所必需的各种生态条件。阳光温室大棚已经成为现代农牧业的重要生产手段，同时也是农村能源综合利用技术中（如：北方"四位一体"模式和西北"五配套"模式）重要的组成部分。

阳光温室大棚一般在东、西、北三面堆砌具有较高热阻的墙体，上面覆盖透明塑料薄膜或平板玻璃，夜间用草帘子覆盖保温，必要时可采取辅助加热措施。在一些地区也有不少仅以塑料薄膜为覆盖材料的轻型太阳能温室，也称塑料大棚。

太阳能温室的管理：

利用温室栽培植物，植物所需要的一切生活条件几乎都是由人工来创造，其中温度、光线、湿度、通风等的调节，关系着植物的生存。如果超出了植物适应能力的范围，会使植物遭受损害，甚至引起死亡，必须加以注意。

（1）温度：必须使温室里的温度经常保持在最低度和最高度之间，否则就会对植物的生长发育产生不良的影响。严格防止夜间温度高于白天的反常现象，同时还需主要防止温度骤然升降。在调节温室室温时，还要注意全天和全年的温差尽量符合在植物原产地区、原生长季节时的气温变化情况，若气温日较差和年较差变化较大会对植物产生不利影响。

（2）光线：利用温室栽培植物，植物要在与它原有生态习性不适合的地区和季节进行生长发育，并且植物与太阳之间，增添了一层玻璃（或塑料薄膜），光线本身已发生了很大变化，因此，在管理中应尽量满足各类植物对光线的要求。例如，原产在热带、亚热带的植物，引种在纬度较高的温带、寒带地区栽培，大都不能适应高纬度地区强烈的光照，所以，当夏季光线强烈时，必须适当给予荫蔽。

（3）湿度：在自然界里，空气湿度和土壤湿度受天然降雨的影响。在温室里，植物所需要的水分主要是依靠人工补给。在补给水分时，对土壤湿度和空气湿度都要同等对待，土壤湿度和空气湿度对满足植物的生理需要是不相同的。在温室里，仅靠土壤灌水保持空气湿度是绝对不行的，为了满足植物对水分的生理要求，必须根据不同植物对空气湿度的不同要求，保持合适的空气湿度。调节室内湿度的常用方法是采取人工在室内地面经常淋水；在室内空闲地方修建储水池、装置人工喷雾设备、屋顶喷水等。

（4）通风：植物良好的生长发育要求经常有流动的新鲜空气。温室的通风换气，目的就是排除废气，换入新鲜空气，同时调节室内的温度、湿度。通风换气每天都必须进行，冬季最好在中午外界气温较高时进行，以免影响保温。通风时应根据当时的风向，打开顺着风向的出气口（天窗）和对着风向的进风口。

5. 太阳能干燥

刚收获的农产品都含有一定水分，传统的做法是把它们放在阳光下暴晒，使之脱水干燥，再长期贮存。这种干燥方法速率低，易受尘埃、昆虫等污染及家禽啄食。因此，利用太阳能干燥装置干燥农副产品不仅能缩短干燥周期，而且提高了被干燥物的质量。

利用太阳能干燥设备对物料进行干燥，称为太阳能干燥。其特点是：能充分利用太阳辐射能，提高干燥温度，缩短干燥时间，防止物品被污染，提高产品质量。对于干燥各种农副产品和一些工业产品尤为适宜。

太阳能干燥器分为温室型和空气集热器型两类。前者阳光直接照射在物料上，后者阳光是照射在空气集热器上，流进集热器的空气经过加热被输送到干燥室干燥物料。

以空气流动的驱动力分类，又可以把太阳能干燥器分为自然抽风式和用风机强制循环式干燥器。

6. 户用光伏发电

光伏发电是利用太阳电池有效地吸收太阳辐射能，并使之转变为电能的直接发电方式，人们通常说的太阳光发电一般就是指太阳能光伏发电。

在我国户用光伏发电系统主要是解决无电地区居民照明以及其他生活用电等方面的用电问题。

户用光伏发电系统可选用商品化定型产品。该产品的光电池既可照明 8～20h，又可看电视，最大供电时间可达 12h。

6.1.4 技术经济可行性分析

1. 环境优势

与城市相比，农村利用太阳能的环境优势主要体现在大气透明度上。大气透明度是表征大气对于太阳光线透过程度的一个参数。影响它的因素有天空中云量的多少和大气的清洁程度。在晴朗无云的天气里，大气透明度高，到达地面的太阳直接辐射量多；而当天空中云雾或风沙灰尘很多时，大气透明度低，到达地面的太阳直接辐射量就少。从我国太阳能分布特点来看，北方大于南方，农村大于城市，原因就在于南方雨量大，阴天多，从而造成天空中云量多，不利于太阳光线透射；而北方雨量小，晴天多，年降水量只有 200～800mm，太阳光线透射率高。从空气洁净程度来看，城市比农村受到的环境污染大，大气中所含的气溶胶、烟尘粒子较多，虽然增加了太阳散射辐射量，但散射辐射量的增加往往不能弥补直接辐射量的损失。因此，农村地区的环境更有利于对太阳辐射量的接收。

2. 农民的节能意识

“节能”一词对于农民来说如果比较专业化，还需要一个理解的过程的话，那么“省钱”是农民最直接的想法。怎样做才最省钱呢？农民在长期的生活实践中积累了丰富的经验：

（1）利用免费能源

东北地区冬季气候恶劣，采暖能耗是最主要的能源消耗，为了减少这方面的支出，农民会尽量采用不花钱的能源。首先，是利用太阳能，在建造住宅时，农民通常会把最大限度地利用太阳能作为建房的准则；其次，是尽量不使用价格昂贵的煤作为燃料，而是采用收完庄稼后所废弃的玉米秆、玉米棒、稻草，从山上捡的“树疙瘩”（砍树后剩下的树根），以及可以燃烧的生活垃圾作为燃料。这些都是不花钱的能源，而且量大，尤其是玉米秆，自己家一年通常都用不了，多余的还可以卖给镇里的居民。根据它们耐烧程度的不同，用途也不完全一样：树疙瘩最耐烧，产生的热量最大，通常用来烧小锅炉，一般 2 土篮，可以烧 2～3h；其次是玉米棒，既可以烧锅炉，又可以做饭；最后是玉米秆和稻草，一般只用来做饭，如果四口人吃饭，通常需要两捆玉米秆（20 根左右/捆）。

（2）能源综合利用

在冬天，农民是利用做饭的余热进行采暖，为了使采暖时间间隔均匀，就尽量使做饭的时间与白天需要采暖的时间同步。由于农村冬季做饭形式以大锅蒸饭为主，所以饭后能剩余大量热水，可用来刷碗。在农村，炕是主要的采暖设备，而散热器通常作为辅助设备配合炕使用，由于两者所采用的设备系统不一样，所以可以分开使用。烧锅炉的时间主要集中在早晨起床前和晚上睡觉前，因为在这两个时间段里，没有阳光照射，室外温度较低，室内的温度也因为蓄热量的消耗逐渐下降，尤其是早上，室内空气温度通常只有 10℃左右，人们起床就会感觉很冷。并且，在这个时间里，有人躺在炕上，如果烧炕，会引起炕面的温度过高，给人造成极不舒适的感觉，例如燥热、口干、上火等。所以这时不宜烧炕，只能靠散热器来补充热量。在烧锅炉的同时，可以烧开水或热水用来洗脸、洗脚。烟囱在夜间排完烟后，盖上盖，也可以减少热量的散失。

3. 政策优势

对于太阳能建筑的研究，我国从20世纪70年代就开始了，但一直没有普及开，原因是多方面的，其中一个主要的原因是没有政策扶持，致使农民承担不起较高的初始投资。随着全球能源日益紧缺，环境污染问题日益严重，各个国家都先后出台了一些关于节约能源的政策、法规，我国也不例外。

(1)《中华人民共和国可再生能源法》的颁布

我国于2005年2月28日召开的第十届全国人民代表大会常务委员会第十四次会议上通过了《中华人民共和国可再生能源法》，于2006年1月1日起施行。立法中对于在农村地区利用太阳能技术方面给予了相应的政策。

(2)“建设社会主义新农村”战略规划的提出

2006年2月，“两会”的召开，使国家建设的重点进一步向农村倾斜，在新制定的“三步走”的战略规划中，第一步就是：在新世纪的第一个十年，到2010年，广大农村全面进入小康社会。这意味着，与城市相比，农民们的生活水平已经成为社会主义建设中不和谐的因素，农村生活环境的改善、农民生活质量的提高已经成为社会关注的焦点。对农村问题的关注不能仅停留在减负方面，而是要在生活环境、经济文化、基础设施、思想意识等全方位进行建设，让占人口总量60%左右的农民与城市居民一样，享受到改革创新的成果、经济增长的利益。这是建设和谐社会的需要，也是建设社会主义现代化的需要。由此可见，在国家政策的鼓励下，太阳能技术在农村地区的应用将会具有非常广阔的前景。

通过对北京平谷区将军关村的调研，每平方米建筑面积的太阳能系统（包括集热器、辅助节能环保炉、储热水箱、地板辐射采暖）的初始投资为230元，国家一次性补贴每户1.5万元，村委会一次性补贴每户每平方米建筑面积50元，使得初始投资每户仅大约100元/m^2。运行费上，每户每个采暖季大约1500元，每户每平方米建筑面积大约交10元左右，这与集中供热相比每年每户大约省3000元左右。

综上，太阳能具有环保节能等众多优势，而且通过调研数据，国家和地方在初投资上给予充分的补助，运行费也相对很少，在技术经济上是可行的。

6.1.5 新能源利用的能源消耗计算

以500户的村镇为例，户均人口取3，总人口为1500人。以人均耕地2.48亩（1亩约等于666.7m^2）计算，耕地面积为3720亩（1亩约等于666.7m^2），参考毛家峪建筑户型面积及太阳能利用情况。

太阳能采暖热水采用以太阳能为主要能源，以电和燃煤作为辅助能源与节能建筑一体化的冬季供暖和全年供热水系统。

150m^2新住宅用太阳能之后，太阳能采暖能耗节约70%，只在阴雨天或雪天开启辅助锅炉，折合能量计算整个采暖季需要1t左右标准煤，全村采暖用标准煤量为500t。

6.2 生 物 质 能

6.2.1 概述

生物质能是太阳能以化学能形式储存在生物中的一种能量形式，它直接或者间接地来源于植物的光合作用，是以生物质为能量载体的能量，属可再生能源。

生物质能源蕴藏量极大，仅地球上植物每年的生物质能源生产量，就相当于目前人类消耗矿物能的20倍。有关专家估计，生物质能极有可能成为未来可持续能源系统的组成部分，到下世纪中叶，采用新技术生产的各种生物质代替燃料将占全球能耗的40%以上。

生物质能主要以大分子键能的形式储存在动植物分子中。按载体类型划分的话，大致可分为植物类和非植物类两种。植物类中，以纤维素、半纤维素和木质素等有机大分子为主要贮能载体。

目前在我国处于普及阶段的农村能源技术主要包括省柴灶和户用小沼气。中国在20世纪80年代就基本完成了省柴灶的普及任务，经过这项技术的推广和普及，农村的能源状况得到了很大的改善。户用小沼气在中国也得到了快速的发展，特别是近几年随着其在生态农业方面的利用，其发展已进入一个新的阶段。通过技术人员的研究和农民的实践，一些以沼气为纽带的生态农业模式得到发展和推广。

目前处于示范、推广阶段的技术主要包括畜禽粪便大中型厌氧处理技术以及秸秆汽化集中供气技术。厌氧处理技术在对大中型养殖场粪便进行无害化处理，降低其对农田以及水体的污染方面发挥了积极的作用，而秸秆汽化集中供气技术也为解决秸秆荒烧问题提供了一条途径。

6.2.2　农村生物质能量的估算

我国畜禽粪便主要用于沼气发酵原料、肥料、养殖蚯蚓等。将农户养殖产生的畜禽粪便和人粪便以及部分有机垃圾进行厌氧发酵处理，产生的沼气用于炊事和照明，既提供了清洁能源和无公害有机肥料，又解决了粪便污染问题，沼气池示意图见图 6-5。

图 6-5　沼气池

农作物秸秆，可以划分为两种。一种是以棉花、向日葵、蓖麻等为代表的(包括灌木丛和修剪的枝条)，材质比重相对较重的将其炭化生产成木炭或深加工产品，应用到工农业生产中，可以取代传统林木炭，从而节约、恢复林木，增加森林植被的二氧化碳吸收能力，减少温室气体。棉秆固定碳含量为 72%，发热值为 6200cal，这两项指标与传统林木炭基本一致。另一种是以玉米、小麦、水稻等为代表的（包括树叶和杂草），材质比重相对较轻的秸秆。在我国许多地区，大部分被粉碎还田，但是仍需发酵处理才能有效地增加土壤肥力，大部分粉碎还田的秸秆混杂在土壤中增肥效果慢，还会产生甲烷、二氧化碳等气体。

软质秸秆可制取沼气，成为农用有机肥料，也是饲养牲畜的粗饲料和栏圈铺垫料。将禽畜粪便和栏圈铺垫物，或将切碎的秸秆混掺以适量的人畜粪尿作高温堆肥，经过短期发酵，可大量杀灭人畜粪便中的致病菌、寄生虫卵，秸秆中隐藏的植物害虫以及各种杂草种子等，然后再投入沼气池，进行发酵，产生沼气。这种处理方法既能提供沼气燃料，又可获得优质有机肥料。

生物质燃料中的农作物秸秆、薪柴、野草、畜粪和木炭灰等，通常都含有不同数量的水分。1kg 生物质完全燃烧所放出的热量，称为高位热能。水分在燃烧过程中生成水蒸气，吸收一部分热量，高位热能去掉气化潜热，称为生物质的低位热值。国内在生物质燃烧过程中，计算发热量取低位热值（表 6-2、表 6-3）。

一些生物质燃料在不同含水量情况下的低位热值　　表 6-2

含水量	玉米秆	高粱秆	棉花秆	豆秸	麦秸	稻秸	谷秸	柳树枝	杨树枝	牛粪
5%	15422	15744	15945	15836	15439	14184	14795	16322	13996	15380
7%	15042	15360	15552	15313	15058	13832	14426	16929	13606	14958
9%	14661	14970	15167	14949	14682	13481	14062	15519	13259	14585
11%	14280	14585	14774	14568	14301	13129	13694	15129	12912	14209
12%	14092	14393	14577	14372	14155	12954	13514	14933	12736	14016
14%	13710	14008	14192	13991	13732	12602	13146	14535	12389	13640
16%	13330	13623	13803	13606	13355	12251	12782	14134	12042	13263
18%	12950	13238	13414	13221	12975	11899	12460	13740	11694	12391
20%	12569	12853	13021	12837	12598	11348	12054	13343	11347	12431
22%	12192	12646	12636	12452	12222	11194	11690	12945	10996	12134

经自然风干后（含水量约 10%左右）一些生物质的低位热值（kJ/kg）　　表 6-3

生物质	低位热值	生物质	低位热值	生物质	低位热值
人粪	18841	薪柴	16747	树叶	14654
猪粪	12560	麻秆	15491	蔗渣	15491
牛粪	13861	薯类秧	14235	青草	13816
羊粪	15491	杂糖秆	14235	水生作物	12560
兔粪	15491	油料作物秆	15491	绿肥	12560
鸡粪	18481	蔗叶	13816		

我国定义的标准煤热值为 29300kJ/kg，现将含水量为 11%的几种生物质的低位热值换算成标准煤（表 6-4）。

含水量为11%的几种生物质的低位热值换算成标准煤 **表6-4**

生物质	低位热值（kJ/kg）	换算系数
玉米秆	14280	0.487
豆秸	14568	0.497
麦秸	14301	0.488
稻秸	13129	0.448
杨树枝	12912	0.441

农作物秸秆资源量是以农作物产品的产量进行推算的，首先宏观确定产品与秸秆的质量比值。如产出1kg玉米，估计就有2kg玉米秸秆，其草谷比为2，农作物秸秆资源量估算草谷比见表6-5。

常见农作物的草谷比 **表6-5**

作物种类	草谷比	作物种类	草谷比	作物种类	草谷比
稻谷	1.0	花生	2.0	麻类	1.0
小麦	1.0	油料	2.0	糖类	0.1
玉米	2.0	高粱	1.0	其他	1.0
豆类	1.5	棉花	3.0		
薯类	1.0	杂粮	1.0		

随着科技的进步、生产的发展，在解决能源问题的同时，沼气、沼渣和沼液的应用领域不断拓宽。在全国各地发展出以下不同的运行模式：

（1）北方农村能源生态模式

（2）西北“五配套”生态园模式

（3）“猪—沼—果”、“草—牧—沼—果”农业生态模式

（4）“五位一体”生态农业模式

（5）“猪—沼—酒”庭院生态模式

（6）“三位一体”沼气综合利用模式

“鸭—猪—沼—鱼（林、菜）”循环生态模式是以沼气为纽带，以畜禽粪便资源化再利用为中心，结合种养业构建的一个资源高效利用、循环复合的生态系统（图6-6）。

畜禽的肠道短、消化功能较差，饲料停留时间短，残留在粪便中的有机物和含氮物质也较多。据测定，禽粪中含各种有机物25.5%，含粗蛋白7.94%，其

中蛋氨酸0.11%、赖氨酸0.43%、胱氨酸0.1%，具有一定的营养价值。虽然在畜禽粪便中含有病原菌、药物残留等有害物质，但只要经过适当处理，畜禽粪便饲料化是安全的。猪粪中也含有较高的氮和磷及有机物。据研究，猪粪干物质中80.1%为有机物，碳氮比在13左右，易分解性有机碳为23.1%，半纤维素及纤维素含量较低，粗脂肪和木质素的含量较高，是生产沼气的优质原料。

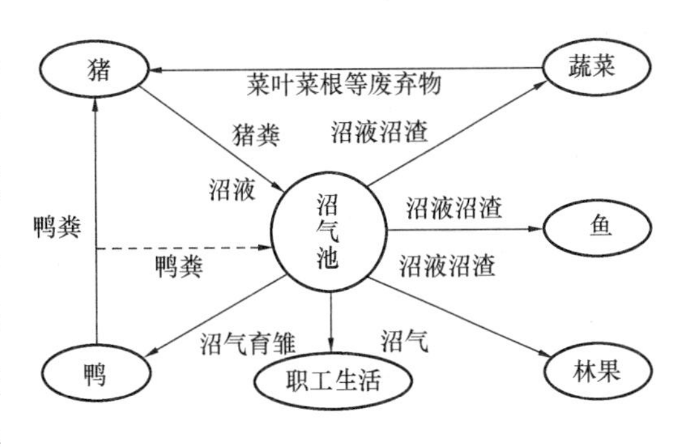

图6-6 生态循环图

沼气是畜禽粪便经过微生物的发酵作用而产生的，主要成分是甲烷和二氧化碳，甲烷占总体积的55%～70%，二氧化碳含量为30%～45%。$1m^3$ 沼气的发热量为20800～23600J，即 $1m^3$ 沼气完全燃烧后，能产生相当于0.7kg无烟煤提供的热量。沼肥是有机物厌氧发酵后的残渣和废液，具有营养元素齐全、肥效高、品质优等特点，氮、磷、钾含量分别比露天粪坑和堆沤肥高出60%、50%、90%，作物吸收率比露天粪坑和堆沤肥高出20%，是农林生产的理想优质用肥。沼液中含有动物生长发育所必需的多种微量元素和营养成分，可促进猪的生长发育，增加食欲，增强免疫力。沼液养鱼，可增加浮游生物特别是浮游植物的数量和重量，为鱼类增加饵料，还可抑制鱼病的发生。

6.2.3 秸秆气

农作物秸秆资源具有多功能性，可用作燃料、饲料、肥料、生物基料、工业原料等，与广大农民的生活和生产息息相关。

以秸秆为原料并集中向农户提供生活用气技术，经过几年的不断开发研究，技术已基本成熟。技术特征上分析：一是基本上形成了一套完整的简单实用的工艺系统，整个系统结构紧凑、简单实用，除风机外没有高速转动的设备，设备运行安全可靠；二是已具备一定规模的供气能力，所产生燃气基本符合民用燃气的质量要求，满足农户对生活用气燃料的需求；三是专门设计、制造的低热值燃气炊具的技术性能达到了家用煤气灶的基本要求，炉灶燃烧效率可达55.2%，且灶具的气密性、烟气中一氧化碳的含量、火焰稳定性、灶具热效率等均符合家用煤气灶的标准。

1. 发展秸秆气的优点

可以人为干预生产燃气量。设备开机运行则有燃气产生，设备停止运行则没有燃气产生。设备可开可停，如夏天用气量大时多开机增加运行时间，冬季用气量少时，可停机减少运行时间，以便随时调节用气量，或特殊情况下用气量特别大时，设备可更长时间运行大幅度增加产气量。因此秸秆气化法调节产气用气量方便，这一点比沼气优越。

不受气候条件影响。沼气发酵生产过程受气候温度条件影响很大，比如冬季比夏季产气量小、甚至于不产气。一般温度在 8～65℃之间温度越高产气速度越快。但在 1 天之内温度变化过大也会影响反应器的运行。北方地区冬季沼气集中供气设施都要采取保温措施。秸秆气化法基本不受季节、气候、温度条件变化的影响。

2. 秸秆生物气化

秸秆生物气化技术又称秸秆沼气技术，是指以秸秆为主要原料，经微生物厌氧发酵作用生产可燃气体的秸秆处理利用技术。秸秆沼气的工艺流程如图 6-7 所示。

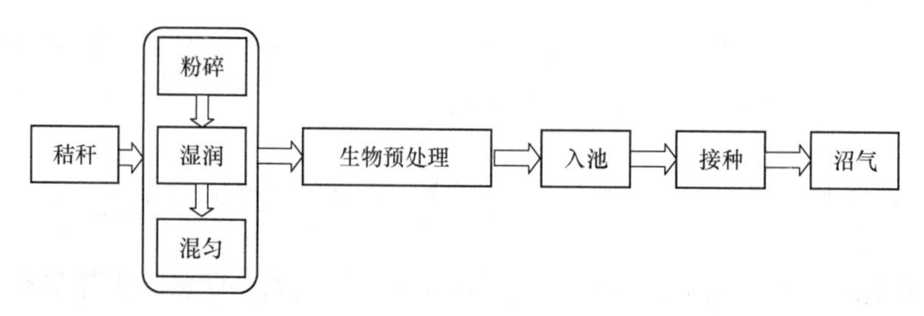

图 6-7 秸秆沼气的工艺流程

秸秆作为农业生产的废弃物，在广大的农村具有充足的资源做保证，同时秸秆生物沼气产生的沼渣、沼液具有高肥效、低成本的优势，并且可以改善作物与环境的关系，增强作物抗逆能力，提高作物产量，改进农产品品质。

秸秆生物气化既获取了优质清洁能源，又获取了高效低廉的有机肥料。据不完全统计，在 1998 年农作物 6.05 亿 t 总产量中，约有 15%（0.91 亿 t）的秸秆被用来直接还田造肥；有 24%（1.45 亿 t）的秸秆被用作饲料；有 2.3%（0.14

亿 t）的秸秆被用作工业原料。除此，约 58.7%（3.55 亿 t）的农作物秸秆可作为能源用途，其中近 2 亿 t 的农作物秸秆被农民在民用炉灶内直接燃烧用于炊事和取暖。

3. 秸秆热解气化

秸秆热解气化是将秸秆转化为气体燃料的热化学过程。秸秆在气化反应器中氧气不足的条件下发生部分燃烧，以提供气化吸热反应所需的热量，使秸秆在700～850℃左右的气化温度下发生热解气化反应，转化为含氢气、一氧化碳和低分子烃类的可燃气体。秸秆热解气化得到的可燃气体既可以直接作为锅炉燃料供热，又可以经过除尘、除焦、冷却等净化处理后，为燃气用户集中供气，或者驱动燃气轮机或燃气内燃发电机发电。

利用生物质气化技术将生物质原料转化为洁净且便于输送、利用的高品位能源是利用生物质能源的有效途径，也是替代常规能源的有效方法。据统计，大部分生物质作为能源利用，基本上还是直接获取热能的粗放型燃烧，由于生物质的燃烧特性较差，有效热利用率很低，且污染严重。推广生物质热解气化技术，可有效提高能源综合利用效率，减少污染，对新农村建设，构建节约型社会，保障能源供应，提高农民生活质量具有现实意义。

我国已经开发出多种固定床和流化床气化炉，以秸秆、稻壳、木屑、树枝等为原料生产燃气。用于木材和农副产品烘干的有 800 余台，村镇集中供气系统年产生物质燃气 2000 万 m^3，兆瓦级生物质气化发电系统已推广 20 余套。

4. 生物质固化成型燃料

生物质固化成型燃料技术是在一定温度和压力作用下，将各类分散的、没有一定形状的农林生物质经过收集、干燥、粉碎等预处理后，利用特殊的生物质固化成型设备挤压成规则的、密度较大的棒状、块状或颗粒状等成型燃料，从而提高其运输和贮存能力，改善秸秆燃烧性能，提高利用效率，扩大应用范围。目前，我国研究和开发出的生物质固化成型机也已应用于生产。生产的致密成型燃料，也已应用于取暖和小型锅炉。经测定，该种燃料排放的污染物低于煤的排放，是一种高效、洁净的可再生能源，它具有如下优点：

(1) 应用便利，易于贮运。固化成型法与其他方法生产生物质能相比较，具有生产工艺、设备简单，易于操作，生产设备对各种原料的适应性强及固化成型的燃料便于贮运（可长时间存贮和长途运输）和易于实现产业化生产和大规模使用等特点。另外，对现有燃烧设备，包括锅炉、炉灶等，经简单改造即可使用。成型燃料使用起来方便，特别对我国北方高寒地区，炕灶是冬季主要的取暖形式，在广大农村有传统的使用习惯，成型燃料也易于被老百姓所接受。

（2）替代煤炭，保护生态环境。预计到2020年，中国的GDP可能达到5万亿美元，能源需求25亿～30亿t标煤，其中仅石油缺口达1.6亿～2.2亿t。大量燃烧一次性能源，排放大量的二氧化硫和二氧化碳等，对环境造成污染，加剧了地球温室效应。我国目前农作物秸秆年产量约为6亿t，折合标煤3亿t，其中53%作为燃料使用，约折合1.59亿t标煤，如果这些原料都能固化成型有效开发利用，替代原煤，对于有效缓解能源紧张，治理有机废弃物污染，保护生态环境，促进人与自然和谐发展都具有重要意义。

（3）提高能源利用率。直接燃烧生物质的热效率仅为10%～30%，而生物质制成颗粒以后经燃烧器（包括炉、灶等）燃烧，其热效率为87%～89%，热效率提高57～79个百分点，节约了大量能源。

5. 农作物秸秆直接燃烧发电

生物质发电技术可分为直接燃烧、气化燃烧和混合燃烧发电等。生物质燃烧发电类似燃煤技术，燃烧产生的蒸汽通过汽轮机或蒸汽机系统驱动发电机发电，基本达到成熟阶段，且风险最小，已经进入商业化应用阶段。

根据国家“十一五”规划纲要提出的发展目标，未来将建设生物质发电550万kW装机容量，已公布的《可再生能源中长期发展规划》也确定了到2020年生物质发电装机3000万kW的发展目标。此外，国家已经决定，将安排资金支持可再生能源的技术研发、设备制造及检测认证等产业服务体系建设。总的说来，生物质能发电行业有着广阔的发展前景。

中国秸秆发电迈出实质性步伐。大力发展秸秆发电，不仅可以减少由于在田间地头大量焚烧、废弃所造成的污染，变废为宝、化害为利，而且对解决“三农”问题，促进当地经济发展具有重要作用。据估算，建设一个2.5万kW的秸秆发电厂，每年需要消耗秸秆20万t，按每吨秸秆收购价200元计算，可为当地农民增加约4000万元收入，惠及的农户数量将近5万户，是发展农村经济，增加农民收入的重要举措。

中国对秸秆发电实行优惠电价政策，上网电价高出燃煤发电 0.25 元/(kW·h)，并且还可以享受税收减免等一系列政策。随着中国有关配套政策的不断完善，以及秸秆发电技术的进步和原料收储运体系的形成，中国秸秆发电产业必将取得更快的发展，为解决“三农”问题，建设社会主义新农村作出应有的贡献。

生物质发电技术工艺流程如图 6-8 所示。

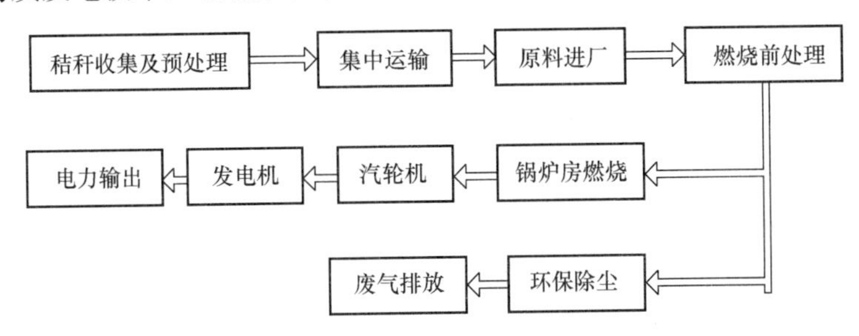

图 6-8　生物质发电技术工艺流程

在呼唤环保建设的今天，无污染的生物质能将会成为热门的能源，为新农村建设带来经济性和环保性的双效收益。

总而言之，生物质能是可再生能源，它的应用对于新农村建设有重大的意义，有利于环保工作的进行，而且产能的原材料数量多、分布广，有部分原材料还可变废为宝，回收利用等，加大应用生物质能的力度，能够促进调整能源结构，保障能源安全。当然，生物质能也不是没有缺点的，热值及热效率低，体积大而不易运输。直接燃烧生物质的热效率仅为 10%～30%。这些缺点都需要技术的革新和政策的相应变动来进行改善，从而为新农村建设发展指出一条明亮的、无污染的发展道路。

6.3　风　　能

6.3.1　概述

风是地球表面上的大气受到太阳辐射而引起的部分空气的流动，是太阳能的一种转化形式。目前风能利用主要集中在风力发电、风帆助航、风力提水、风力制热四个方面。世界拥有巨大的风能资源。据估计，世界风能资源高达每年 53

万亿 kW·h，是 2020 年世界预期电力需求的两倍。中国是风能资源丰富的国家，仅次于俄罗斯和美国，居世界第三位。根据中国气象科学研究院估算的数据，我国在 10m 低空范围的风电资源约为 10 亿 kW，其中，陆上约为 2.53 亿 kW，沿海约为 7.5 亿 kW，如果扩展到 50～60m 以上高空，风电资源将至少再扩展一倍，可望达到 20～25 亿 kW。中国的风能资源主要集中在三北地区及东部沿海风能丰富带，给大规模的开发和利用带来了良好的条件。

我国农村风能利用以小型风力发电为主，小型风力发电机启动风速一般在 3～4m /s之间，额定风速为 8～10m /s，最大工作风速为 25m /s 左右，安全工作的风速范围为 3～9 级风，风力发电如图 6-9 所示。

图 6-9　风力发电

风力发电主要解决边远农牧区和海岛用电。西北的新疆、内蒙古、甘肃和东南沿海以及东北、河北等地已建成 40 个风电场，有近 20 万台小型风力发电机在无电的边远农牧区运行，解决了当地生活用电。

除了风力发电，在少数地区还有用蓄电池蓄能，提供照明、电视、收音机以及剪羊毛用电等。在河北和江苏等地还有风力提水机用于灌溉和排碱。

根据各地各种气象数据和相关研究报告可以证明太阳能和风能资源具有很好的互补性：从全年的角度看，通常太阳能夏天比较充裕，风能冬天比较丰富；从全天来衡量，太阳能是在天气晴朗的时候充裕，风力在此时往往较弱，风力主要出现在夜间和凌晨。所以，对于偏远地区和电网很难达到的地区，风光互补可作为可靠性较高的电力供应系统。

风力发电的原理，是利用风力带动风车叶片旋转，再透过增速机将旋转的速度提升，来促使发电机发电（图 6-10）。依据目前的风车技术，大约是每秒 3m 的微风速度（微风的程度），便可以开始发电，我们把风的动能转变成机械能，再把机械能转化为电能，这就是风力发电。风力发电所需要的装置，称作风力发电机组。这种风力发电机组，大体上可分风轮（包括尾舵）、发电机和铁塔三部分。大型风力发电站基本上没有尾舵，一般只有小型（包括家用型）才会拥有尾舵。

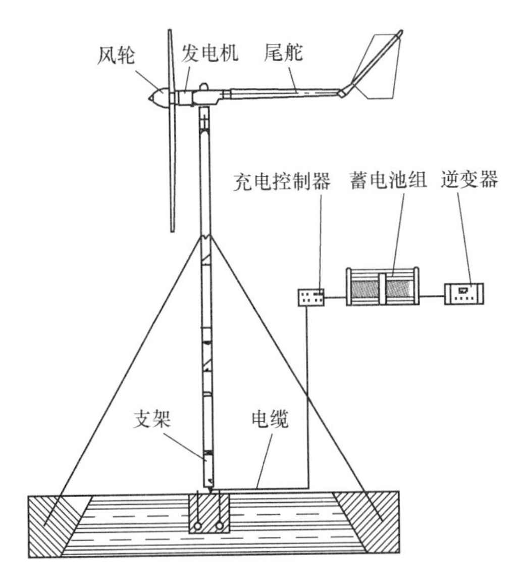

图 6-10　风力发电原理

风轮是把风的动能转变为机械能的重要部件，它由两只（或更多只）螺旋桨形的叶轮组成。当风吹向桨叶时，桨叶上产生气动力驱动风轮转动。桨叶的材料要求强度高、重量轻，目前多用玻璃钢或其他复合材料（如碳纤维）来制造（现在还有一些垂直风轮，S 形旋转叶片等，其作用也与常规螺旋桨型叶片相同）。

由于风轮的转速比较低，而且风力的大小和方向经常变化着，这又使转速不稳定；所以，在带动发电机之前，还必须附加一个把转速提高到发电机额定转速的齿轮变速箱，再加一个调速机构使转速保持稳定，然后再连接到发电机上。为保持风轮始终对准风向以获得最大的功率，还需在风轮的后面装一个类似风向标的尾舵。

铁塔是支承风轮、尾舵和发电机的构架。它一般修建得比较高，为的是获得较大、较均匀的风力，并且要有足够的强度。铁塔高度视地面障碍物对风速影响的情况，以及风轮的直径大小而定，一般在6～20m范围内。

发电机的作用，是把由风轮得到的恒定转速，通过升速传递给发电机构均匀运转，因而把机械能转变为电能。

一般说来，3级风就有利用的价值。但从经济合理的角度出发，风速大于每秒4m才适宜于发电。据测定，一台55kW的风力发电机组，当风速每秒为9.5m时，机组的输出功率为55kW；当风速每秒8m时，功率为38kW；风速每秒为6m时，只有16kW；而风速为每秒5m时，仅为9.5kW。可见风力越大，经济效益也越大。

在我国，现在已有不少成功的中、小型风力发电装置在运转。我国的风力资源极为丰富，绝大多数地区的平均风速都在每秒3m以上，特别是东北、西北、西南高原和沿海岛屿，平均风速更大；有的地方，一年1/3以上的时间都是大风天。在这些地区，发展风力发电是很有前途的。

风力发电在并网时由于冲击电流的存在，会对电网电压产生影响。由于风力发电是一种间歇性能源，风电场的功率输出具有很强的随机性，所以为了保证风电并网以后系统运行的可靠性，需要额外安排一定容量的旋转备用以响应风电场的随机波动。各种形式的风力发电机组运行时对无功功率的需求不同，依靠电容补偿来解决无功功率平衡问题，发电机的无功功率与出力有关，由此也影响电网的电压。

风力发电机特别适合于楼盘环境美化以及农村、渔场、养殖基地、旅游度假区、山区、旷野、海岛、轮船、道路路灯、野外作业、农业生产基地等风能充沛的地方，风力发电机为电网难以到达的地区或经常停电的地区以及野外作业的居民和企业用电提供了极大的方便。

风力发电机是实用又可以省钱的机器，彩电、手机买回去都需要不断花钱才可以继续使用，风机买回去不只可以发电，还可以省下电费。

农村由于用能密度低、输送成本高，常规商品能源的成本一般要比城市高。因此，农村在能源利用上应当采取与城市不同的解决方案。基于当地条件，充分利用太阳能、风能并开发秸秆薪柴等生物质能等可再生能源，可以开辟出一条可持续发展的农村采暖解决途径。这对促进我国新农村建设的发展和农民生活水平的进一步提高，减轻我国能源的供应压力意义重大。

6.3.2 风力发电的优越性

首先风力发电不侵占土地，建筑物只占一座风力发电站土地面积的0.5%～1.0%。其余的土地可以种植作物或用作牧场。

另外，风力发电站的投资风险也比较小。在我国的边远地区，目前大约有14万台小型风力涡轮机，其数量比世界上任何国家都多。许多人认为，降低风力发电费用的唯一途径，是使用我国自己的廉价劳动力，尽可能地制造出更多的涡轮机。国家计划委员会制定的目标是到21世纪末安装400MW的风力发电设备，那将比1996年安装的56MW的发电设备增加7倍。

6.3.3 风能密度

为了更好地说明风能，我们引进“风能密度”概念。所谓风能密度是指在一定高度上，各风速所对应的每平方米横切面上风所含能量的大小。经过统计，我国的风能密度分级见表6-6。

我国风能密度分级 表6-6

风能分级	10m高处		50m高处	
	风能密度 (Watt/m^2)	风速 (m/s)	风能密度 (Watt/m^2)	风速 (m/s)
1	0～100	0～4.4	0～200	0～5.6
2	100～150	4.4～5.1	200～300	5.6～6.4
3	150～200	5.1～5.6	300～400	6.4～7.0
4	200～250	5.6～6.0	400～500	7.0～7.5
5	250～300	6.0～6.4	500～600	7.5～8.0
6	300～400	6.4～7.0	600～800	8.0～8.8
7	400～1000	7.0～9.4	800～2000	8.8～11.9

一般情况下，风速在2～20m/s之间的风均可以被利用。

对风能的利用主要是通过风能采集设备推动发电机工作，从而将风能转变为电能供用户使用。因为空气的密度只有水的1/816，且随季节的变化较大，因此，风能也存在能量密度低、强度不稳定等弱点。但随着科学技术的发展，新的风能机械不断产生，对风能的采集效率有了很大的提高。在不同风力情况下可产生稳定电压的技术和设备也日益完善。风能也逐步成为我国农村可利用的能源之一。

6.3.4 风力发电机介绍

小型发电机一般有：300W、500W、1000W、3kW、5kW、10kW、20kW几种。300W风力发电机，功率较小，只能供电视机、照明、电风扇的用电；500W风机可以带载电视机、照明、电风扇、洗衣机，比300W稍多些；1000W风机可以供电视机、照明、电风扇、洗衣机、小冰箱的用电；3kW风机就比较多了，可以供电视机、照明、电风扇、洗衣机、冰箱、电饭锅、水泵、空调的用电；5kW风机可以供电视机、照明、电风扇、洗衣机、冰箱、电饭锅、水泵、空调及其他电器；10kW风机可以供电视机、照明、电风扇、洗衣机、冰箱、电饭锅、水泵、空调及小村落照明；20kW风机能够供电视机、照明、电风扇、洗衣机、冰箱、电饭锅、水泵、空调、其他电器及小村落照明等用电；还有50kW风机，一般家庭是不需要用这么大功率风机的，50kW的风机已经相当于一个小型电网了，所以要这种风机是需要定做的。

另外，当用电量较大时，如企业、度假村用电，一般需要几十千瓦时，最好购买多台小功率的风机，比如某度假村的总用电量大约在50kW左右，若要一台50kW的风机，这种想法是错误的，虽说只要一台，看着比较简便，安装也省事，但是如果风机出现故障，或安装地点风速在某个时间段较小，这样就会影响整个度假村的用电，而如果在不同的地点安装多台小功率的风机，即可以避免或减小这些问题带来的影响了。

6.3.5 小型风力发电机的匹配问题

小型风力发电机发出的电能首先经过蓄电池贮存起来，然后再由蓄电池向电器供电。必须考虑风力发电机功率与蓄电池容量的合理匹配和静风期贮能等问题。

目前，小型风力发电机与蓄电池容量一般都是按照输入和输出相等，或输入大于输出的原则进行匹配的。即：100W风力发电机匹配120Ah蓄电池（60Ah2块）；200W风力发电机匹配120～180Ah蓄电池（60或90Ah2块）；300W风力发电机匹配240Ah蓄电（120Ah2块）；750W风力发电机匹配240Ah蓄电池（120Ah2块）；1000W风力发电机匹配360Ah蓄电池（120Ah3块）。实践证明：如果匹配的蓄电池容量不符合风力发电机发出能量的要求，将会产生下列问题：

（1）蓄电池容量过大时，风力发电机发出的能量不能保证及时地给蓄电池充足电，致使蓄电池经常处于亏电状态，缩短蓄电池使用寿命。另外，蓄电池容量大，价格和使用费用随之增大，给经济上也造成不必要的浪费。

（2）蓄电池容量过小时，会使蓄电池经常处于过充电状态。如因充足电而停止风力发电机的工作会严重影响风机工作效率。蓄电池长期过充电将会使蓄电池早期损坏，缩短使用寿命。

使用小型风力发电机，选配电器时也应按照蓄电池与风力发电机的匹配原则进行。即选配的电器耗用的能量要与风力发电机输出的能量相匹配。匹配指标所强调是“能量”，不要混淆为功率。

在选用用电器时，还必须注意电压的要求，小型风力发电机配电箱上配有12V、24V和电视机专用插座，用户使用时，要针对用电器所要求的电压值选用相应的插座，电视机应专门插在电视机插座上。

如果使用的是交流用电设备，则必须备置能够满足其功率要求的“逆变器”将蓄电池的直流电转变成电压为220V、频率为50Hz的交流电才能使用。风机安装步骤：

（1）选择安装地点，用混凝土固定底座，地锚。地锚距离地座3.6m，3根地锚互成120°（300W以上的风机采用4根拉索地锚互成90°），待混凝土凝固后开始下步安装。

（2）组装立杆安装拉索，200W风机将风机拉索先固定3根，600W以上塔架固定4根拉索，以便风机竖起后能够稳定。

（3）连接电机组合体与立杆。

（4）组装风叶，3叶片叶尖距离必须相等。

（5）将风叶固定在电机上，盖上导流罩。

（6）尾翼梁安装在电机回转体上，并装上尾舵板。

（7）将电机引出线与电缆连接，并从回转体中心孔到底座位置引出。

（8）引出的电缆与控制器连接，并将控制器正负极与电瓶正负极连接（注意：电瓶正极接控制器正极，负极接负极，电机的额定电压与电瓶的电压相符）。

（9）采用逆变控制器的用户，将电机三相引出线直接接控制器，逆变控制器的正负极引出线与电池连接。

（10）3～5个人立起风机，调整螺旋松紧器等位置，使风机直立地面。

注意：

①正常运转时，请勿在风机底座7m范围内流动。

②遇有超出工作风速范围的天气时，请预先放倒风机。

6.3.6 风力发电机中蓄电池的选型和维护工作

在风力发电机机组运行中，有一个环节是很重要又容易忽略的，那就是对蓄电池的选型和维护。由于对大多数风力发电机生产制造厂家来说，蓄电池往往是作为选配件的，故对其性能往往关注较少。

首先是选型。蓄电池分很多种，从材质上来讲一般分为铅酸电池、碱性电池、镍镉电池和锂电池等。从用途上来讲又可分为启动型、牵引型、后备型、储能型等。从性价比上来讲，我们推荐选用储能型铅酸电池，碱性电池的充放电次数较少，且对充电电流有严格的要求，镍镉电池记忆效应很明显，不适合长期浮充；锂电池价格要高出许多。

其次是容量选择。我们必须保证在风力发电机工作时充电电流不超过蓄电池允许电流。这个怎么计算呢？简单来讲，就是额定功率下，整流后电流不大于蓄电池额定容量数值的10%。比如说我们5kW的风力发电机，选20块12V蓄电池串联使用，浮充直流电压为280V，则直流电流为18A。此时蓄电池容量不小于180Ah，一般选200Ah。

容量选择还要考虑的一点就是发电机和负载工作情况。如果发电和用电时间同步的话，我们可以选择容量小些的蓄电池；如果发电时间间隔较大而用电时间均匀的话，则蓄电池要按要求选择；如果发电时间均匀而放电时间较短的话，我们还要考虑到放电电流不超过放电允许值。对我们选的蓄电池，最大放电电流为

60Ah，即可供 14kW 负载正常工作。

接下来说维护。维护最基本的一点就是温度控制，一定要把温度控制在厂家给定的范围内，且温度变化范围越小越好。从成本上来考虑，我们选择蓄电池组深埋，利用深土层的恒温功能保证蓄电池正常工作。

同时，由于直流电容易引起金属表面腐蚀，导致接口处电阻变大，引起接触不良，此时蓄电池端口电压随电流变化范围较大。我们首先要检查的就是电缆接口是否有松动，铜锈等，对其重新加固。然后是蓄电池连接线。等这些都排除后，大概就是蓄电池本身的问题了。

蓄电池长期工作后，内部蒸馏水会被消耗一部分。我们首先对蓄电池充电，待充满后，取下蓄电池上面板注液盖加蒸馏水至液面满为止，然后盖上盖子，放电。放完电后再充电，就可正常使用了。

6.3.7 蓄电池的正确使用维护

在小型风力发电中，蓄电池年折旧费占成本总额的 50%以上。因此加强对蓄电池的使用维护，延长其寿命，是十分重要的问题。计算分析说明，电池寿命延长一年，每度电的成本就可以降低 0.13 元以上。

为了提高蓄电池的使用效率和延长其寿命，在使用中必须做到以下各点：

（1）要了解铅酸电池的特点，严格按产品说明书的规定进行使用和维护。

（2）电液必须用化学纯硫酸与合格的蒸馏水配制，在寒冷的地方，液温在 15℃时比重应为 1.285。

（3）电池液面应高出极板 10～15mm。使用时，发现液面过低就要及时添加蒸馏水。

（4）接线前，严格检查电池正负极标志是否正确及单格电池有无反极现象。

（5）电池首次注液使用前，最好进行 3～4h 充电，对其使用性能将更有利。非干荷电池必须进行初充电后方可使用。

（6）电液温度应保持在 20℃左右，即使在充电过程中电液温度也不得超过 35℃。特别在冬季要注意防冻。据资料介绍，当电液温在 10～35℃的变化范围内，每升高或降低 1℃时，蓄电池的容量约相应增大或减小额定容量的 0.8%。

（7）灌液后，在 12h 内未使用，或在使用后又长时间闲置，须按规定充电后再恢复使用。

（8）经常旋上注液口胶塞，但要使通气孔畅通，使气体能够逸出。要保持电瓶干燥清洁，避免电池外自放电。

（9）电液比重下降到1.175时，应立即停止使用并进行充电。

（10）应使用与电池极注相同材质的电线卡子，若采用铜质材料卡子时，应涂以薄层凡士林或黄油，防止腐蚀。

（11）电池上严禁放置金属物件和工具，防止极间短路。

（12）充电间不许有明火和装设能产生电火花的电器设备，防止发生火灾。

6.3.8　风力发电的应用

凡是风力资源较好（年平均风速大于4m/s，而且没有台风灾害），电网又不能到达的牧区、农区、湖区、滩涂、边远哨所和公路道班都适合开展小型风力发电机的推广应用。

在风力资源丰富，电网虽能到达但供电不足的沿海滩涂地区、农村、城市远郊区也适合开展小型风力发电机的应用。例如：我国内蒙古草原牧区应用小型风力发电机非常普遍，切实解决了牧民的用电问题；我国洪湖地区应用小型风力发电机也取得了良好的效果。

当使用地区的年平均风速为4.2m/s时，一台300W的小型风力发电机每年平均可发600度电。平均每天1.6度电，可以满足一户农牧民的用电需求。用电器可由5只灯泡、一台彩电（包括VCD）、一台电风扇组成。

如果用户比较富裕，就可以买一台500W的风力发电机，每年平均可发1000度电。平均每天2.7度电。用电器可由8只灯泡、两台彩电（包括VCD）、一台电风扇和一台电冰箱组成。

6.3.9　小型风力发电机行业发展趋势

（1）由于广大农牧民生活水平提高、用电量不断增加，因此小型风力发电机组单机功率在继续提高，50W机组不再生产，100W、150W机组产量逐年下降，而300W、500W和1kW、2kW、3kW机组逐年增加，占总年产量的80%。

（2）由于广大农民迫切希望不间断用电，因此“风光互补发电系统”的推广应用明显加快，并向多台组合式发展，成为今后一段时间的发展方向。

(3) 随着国家《可再生能源法》及《可再生能源产业指导目录》的制定，相继还会有多种配套措施及税收优惠扶植政策出台，必将提高生产企业的生产积极性，促进产业发展。

(4) 目前我国尚有 2.8 万个村、700 万户、2800 万人口没有用上电，且分散居住在边远山区、农牧区、常规电网很难达到，有关专家分析 700 万无电用户中、300 万户可用微水电解决用电，而 400 万户可以用小型风力发电或风光互补发电，满足农牧民用电需要。

由于汽油、柴油、煤油价格飞涨，且供应渠道不畅通，内陆、江湖、渔船、边防哨所、部队、气象站和微波站等使用柴油发电机的用户逐步改用风力发电机或风光互补发电系统。在边远地区的边防连队、哨所、海岛驻军、渔民、地处野外高山的微波站、电视差转台、气象站、公路铁路无电小站、森林中的瞭望台、石油天然气输油管道及滩涂养殖业（全国有超过 7000km 的海岸线）等多数地方使用柴油或汽油发电机组供电，供电成本相当高，有些地方高达 3 元/度，而这些地方绝大部分处在风力资源丰富地区。通过采用风力发电机＋柴油发电机供电，可以既保证全天 24h 供电，又节约了燃料和资金，同时还减少了对环境的污染，可谓一举三得，有着十分显著的经济效益和社会效益。

近几年，许多农村用电的供求矛盾比较突出，主要表现在供电不正常，经常停电，另外由于一些不合理的费用加到了电费上，致使电价偏高，严重影响了农民的用电积极性，部分农民拒交电费，干脆用蜡烛和油灯照明。这些地区也迫切要求用风力发电机组来为他们提供可靠的电源。

沿海近海专业养殖户很多，仅广西北海近海就有海产品专业养殖户 3 万个“高脚屋”，每个“高脚屋”需要一台小型风力发电机组，目前仅安装了 3000 多台小型风力发电机。因为近海无电缆、柴油，发电无保证，风大时柴油供不上，且污染海面，所以只有用小风电，而且需求量很大。

内陆湖泊渔民数以万计以船为家，用小风电已尝到甜头。仅江苏金湖县就拟在高邮湖等 4 个湖泊，在“九五”推广应用小风机 543 台的基础上，再推广小风机 2000 台。居住在湖北省洪湖市湖区的 5000 多户渔民中，已安装小型风力发电机组 467 台，装机容量 51.7kW。小风电的需求量仍然很大，近期要求安装 2000

台小型风力发电机组。

6.3.10 全国风能资源分布

1. 陕西省风能资源分布

华山站年平均风功率密度达 116.8W/m²，属风能资源较丰富区，陕北长城沿线西部的定边县年平均风功率密度为 70W/m²，属风能资源一般区，其余站点年平均风功率密度均小于 50W/m²，属风能资源贫乏区。

较大年平均风功率密度带或点还有商州至丹凤、太白县、平利、绥德等地，年平均风功率密度 25～50W/m²，华山最大达 116.8W/m²。华山地处海拔 2064.9m 的山顶，为陕西平均风速最大的台站。

2. 福建风能资源分布

福建属亚热带季风气候，地势西北高东南低，受季风气候和台湾海峡的“狭管”效应双重作用，沿海的风速大而稳定，是全国风能资源最丰富的地区之一。

风能丰富区一般年平均风速在 6.0m/s（离地 10m 高）以上，年平均风能密度大于 260W/m²，年有效风时（3.5～25m/s）超过 6500h，这些地区主要在沿海突出部和岛屿，如平潭岛、东山岛、台山岛、南日岛、崇武半岛、古雷半岛、六鳌半岛、梅岭半岛等地。

风能较丰富区主要为海岸线附近或稍深入内陆的地带。

内陆地区平均风速较小，为风能资源一般区域。

3. 辽宁省风能资源分布

风能资源丰富区。包括辽北和整个沿海，这些地区 10m 高处的年平均风速一般在 4.5m/s 以上，年平均风功率密度一般大于 150W/m²，年有效风力小时数在 6000h 左右。该地区风能资源相当丰富，可大规模的开发利用。

风能资源较丰富区。分布在丰富区的外围和中部平原地区，年平均风速多为 3.5～4.5m/s，年平均风功率密度 100～150W/m²，年有效风力时数一般在 5000h 左右。在该区域可根据地形特点，选择适当的、对气流有加速作用的地点，若布设得当其风能资源可利用价值甚至与丰富区相差无几。

4. 黑龙江省风能资源分布

风能资源丰富区。此区年平均风速在 3.5m/s 以上，部分地区还大于 4.0m/s，年平均风能密度达 100～140W/m^2，全年 3～20m/s 有效风速累计时间长达 5000h 以上，4～16m/s 有效风速可达 3000～4000h。包括位于松嫩平原东南部的绥化大部、哈尔滨西部，位于松花江下游以南、兴凯湖以北的三江平原大部和牡丹江北部个别县，位于松花江中游两岸的哈尔滨东部数县以及嫩江上游嫩江县附近地区，这些地区都是黑龙江省重点粮食产区，人口集中，农业生产水平较高，但农村能源供不应求，直接影响到农业现代化建设的速度，如果充分注意到当地风能资源与农村能源消费之间的良好匹配关系，把风能资源广泛用于非田间作业将是开发利用风能的有利地区。

风能资源一般区，包括齐齐哈尔、绥化北部、三江平原沿黑龙江以南乌苏里江以西的边缘地区、牡丹江的东北角以及黑龙江中段的瑷珲附近。年平均风速为 3.0～3.5m/s 之间，年平均风能密度为 60～100W/m^2，全年有效风速 3～20m/s。

5. 江苏成为全国风电发展的战略重点地区之一

风能资源非常丰富。以东台为例，这里有全世界沿海沙滩中仅有的两块淤长型辐射沙洲中的一块，而且每年以 100m 左右的速度向大海延伸。东台辐射沙洲风能资源优良，70m 高平均风速达到每秒 8m 以上，再向东延伸，近海还有辐射状浅水沙滩 200 万亩，70m 高平均风速 8.4m/s，是全球难得的建设大型海上风电场的理想场区。

东南沿海及其附近岛屿是风能资源丰富地区，有效风能密度大于或等于 200W/m^2的等值线，平行于海岸线；沿海岛屿有效风能密度在 300W/m^2以上，全年中风速大于或等于 3m/s 的时数约为 7000～8000h，大于或等于 6m/s 的时数为 4000h。

新疆北部、内蒙古、甘肃北部也是中国风能资源丰富地区，有效风能密度为 200～300W/m^2，全年中风速大于或等于 3m/s 的时数为 5000h 以上，全年中风速大于或等于 6m/s 的时数为 3000h 以上。

黑龙江、吉林东部、河北北部及辽东半岛的风能资源也较好，有效风能密度在 200W/m^2 以上，全年中风速大于和等于 3m/s 的时数为 5000h，全年中风速大于和等于 6m/s 的时数为 3000h。

青藏高原北部有效风能密度在 150～200W/m^2之间，全年风速大于和等于

3m/s 的时数为 4000～5000h，全年风速大于和等于 6m/s 的时数为 3000h；但青藏高原海拔高、空气密度小，所以有效风能密度也较低。

云南、贵州、四川、甘肃、陕西南部、河南、湖南西部、福建、广东、广西的山区及新疆塔里木盆地和西藏的雅鲁藏布江，为风能资源贫乏地区，有效风能密度在 $50W/m^2$ 以下，全年中风速大于和等于 3m/s 的时数在 2000h 以下，全年中风速大于和等于 6m/s 的时数在 150h 以下，风能潜力很低。

6.3.11 风力发电经济分析

以上海电力公司执行的上海地区售电价格标准为例，对于居民用电，峰时电价为 0.617 元/（kW・h），谷时电价为 0.307 元/（kW・h）。从别墅模型总的用电量计算出电费总额为 19410.7 元。风力机的使用寿命一般为 15～20 年，本文取其寿命为 15 年，其投资额为风机主机、塔架以及离网型逆变器价格的总和。根据神明风力发电机公司生产的风力机加逆变器报价可以得出：功率 10kW 的风机总费用为 6.7 万元/套，其投资回收期为 10.48 年。

6.4 小 水 电

6.4.1 概述

水力发电是清洁、无污染、可循环利用、成本低、效益高、对环境影响小的能源。对小型水电站，由于其开发规模小，对环境的影响相对于大型水电站对环境的影响更小，所以小水电是一种绿色能源（图 6-11）。

人类从很早就开始利用水利资源从事农业生产活动，如水车、水磨都是对水力动能或势能的一种利用。大约在公元前 206 年至公元 8 年的西汉王朝后期，中国就有了利用水力方面的记载。19 世纪末，随着电的发明，人类开始利用水力来发电。中国大陆最早的水电站是云南螳螂川上的石龙坝水电站，于 1912 年 4 月建成通电，水头 14m，装机 2×240kW。随着工业增长对电力需求的不断增长以及电力技术的发展，水力发电从早期的小规模、独立运行、近区供电的小水电站发展到大规模、并网运行、跨区供电的大型水电站。

图 6-11 小水电工程

所谓小水电是指容量为 1.0～0.5MW 的小型水电站，容量小于 0.5MW 的水电站又称为农村小水电。因此，小水电也包括小小型和微型水电站（虽然小小型和微型电站一般完全局限于为局部地区供电）。我国在 20 世纪 50 年代，一般称 500kW 以下的水电站为农村水电站；到 20 世纪 60 年代，小水电站的容量界限到 3000kW，并在一些地区出现了小型供电线路；20 世纪 80 年代以后，随着以小水电为主的农村电气化计划的实施，小水电的建设规模迅速扩大，小电站定义也扩大到 2.5 万 kW；20 世纪 90 年代以后，国家计委、水利部进一步明确装机容量 5 万 kW 以下的水电站均可享受小水电的优惠政策，并出现了一些容量为几万至几十万千伏安的地方电网。

适于建造小水电站的河流很多，开发小水电资源的地点一般都选在经济上最有吸引力的站址。降雨量、水头和靠近用电中心是小水电站站址必须具备的重要条件。因此，小水电的开发并不仅局限于资源丰富的地区。现已建成的水电站的规模大小不等，小的电站的装机容量还不足 1MW，大的则超过 10000MW。水电发电的效率为同等规模的热电站的两倍以上。水电是可再生能源，据初步估算，1993 年全世界的水电站为人类提供了约 20％的电力，并相应减少了约 5.39 亿 t 的二氧化碳排放量。相对于大型水电站，小水电对环境气候的影响很小，是符合水电开发和经济持续发展与环境相协调的可再生能源。而且，山区农村地域辽阔，也不可能完全靠大电网解决农村用电问题。随着世界各国对环境保护的日益重视，小水电也正受到各国政府的日益重视。小水电工程简单、建设工期短，一次基建投资小，水库的淹没损失、移民、环境和生态等方面的综合影响甚小。小水电运行维护简单且接近用户，故输变电设备简单、线路输电损耗小。以上这些优点使小水电在我国和其他发展中国家发展迅速，成为农村和边远山区发电的主力。现在0.5MW以下的农村小水电，遍布全国1500多个县，并成为其中半数县的主要电力供应来源。我国小水电资源丰富，主要分布在两湖、两广、河南、浙江、福建、江西、云南、四川、新疆和西藏等。这13个省区的可开发的小水电资源约占全国90%左右。

我国是小水电资源十分丰富的国家，全国小水电可开发的装机容量约为12亿kW左右，而且分布十分广泛，适合广大农村地区和偏远山区因地制宜开发利用，既发展了地方经济，解决当地人民用电困难的问题，又给投资人带来可观的效益回报。经过几十年的建设，截至2006年底，全国已建成小水电站46989座，总装机44934MW，约占可开发容量的374%，约占全国水电总装机的349%。近几年来，通过国家实施的以小水电为基础的农村电气化县建设、农网改造、送电到乡光明工程、以电代燃料生态小水电站建设和清洁能源机制等一系列项目的实施，使小水电成了我国最大的优质可再生能源，形成了一个社会、环境和经济效益相结合的新的行业。

6.4.2 发展小水电的优势

（1）小水电资源主要分布在西部地区、边远山区、民族地区和革命老区，在西部大开发中具有突出的区位优势。

（2）小水电资源规模适中，投资省、工期短、见效快，有利于调动多方面的积极性，适合国家鼓励、引导集体、企业和个人开发。

（3）小水电资源可以就近供电，就近消纳，不需要高电压大容量远距离输电，发电成本和供电成本相对较低。

（4）小水电是电力工业的重要组成部分，是大电站的有益补充，可为“西电东送”提供有力的支撑。

（5）小水电是国际公认的可再生绿色能源，与其他可再生能源（太阳能、风能、生物质能等）相比，其技术比较成熟、造价低，非常适合为分散的农村供电及电气化建设，其开发利用有利于能源结构的调整优化，有利于人口、资源、环境的协调发展和经济社会可持续发展。

6.4.3 小水电发展状况

1. 世界小水电发展现状

首先介绍一下整个水电开发的现状。小水电从容量角度来说处于所有水电站的末端。在 1990 年，小水电站占全世界电站总装机容量的 22.9%，但综合的输出只占全世界总供电量的 18.4%，大部分水电站的设计发电能力都超过实际平均水流量需要的发电能力。相当数量的水电站并入输电网是为了在用电高峰时提供电力。另外，在所有的情况下，为了适应河流水量的变化及充分利用水流，在设计电站的容量时，都需要留有余量。但这样做使水电站平均年因数或容量因数下降到 39.3%，而其他常规能源电站的平均容量因数为 51.6%。表 6-7 列出的是 1992 年 8 月出版的《水电与大坝建造》手册发表的 1991 年各地区水电站容量与发电量的统计数字。

全球水电容量与发电量 表 6-7

地区	容量（GWe）	发电量（TW·h）
北美	133.7	579.8
拉美	94.0	390.0
西欧	136.7	405.3
东欧和独联体	82.3	260.2
中东/北非	13.1	40.2
撒哈拉沙漠以南非洲	16.5	45.1
太平洋	12.1	38.7
中国	37.9	124.8
亚洲	100.7	397.4
总计	627.0	2281.2

在当今的水电发电量中，工业发达国家占 2/3，发展中国家占 1/3。表 6-8 列出的是根据 1992 年《水电与大坝建造手册》提供的统计数字及俄罗斯分析家为世界能源理事会可再生能资源研究会提供的补充资料得出的各地区的小水电站（10MW 以下）的容量和发电量的统计数字。

1990年小水电容量与发电量 表6-8

地区	容量（GWe）	发电量（TW·h）
北美	4302	19738
拉美	1113	4607
西欧	7231	30239
东欧和独联体	2296	9438
中东/北非	45	118
撒哈拉沙漠以南非洲	181	476
太平洋	102	407
中国	3890	15334
亚洲	343	1353
总计	19503	81709

据估算，1990年小水电站的总装机容量约为19.5×10^3GWe，约为世界水电站总容量的3.1%；小水电站的年发电量为81.7×10^3TW·h。这些估算数字表明，小水电占水力发电总量的3.8%。

2. 中国小水电发展现状

中国有丰富的水力资源，可开发量达3.78亿kW，其中小水电开发量0.75亿kW。小水电资源分布也很广泛，在全国2166个县（市）中有1573个县有可开发小水电资源，其中可开发量在10～30MW的县有470个，30～100MW的县有500个，超过100MW的县有134个。1912年中国大陆建成第一座小水电站——云南石龙坝水电站，至1949年，中国小水电站总装机容量仅为3.7MW。新中国成立以后，中国政府十分重视水电尤其是小水电的开发，从解决山区农村用电，结合农村小型水利工程建设、利用当地丰富的小型水利资源出发，积极帮助和扶持广大山区，结合当地水利建设兴办小水电站。1979年以后，小水电在中国得到更快的发展，至1994年底，全国有小水电站47314处，机组70057台，装机容量1577.53万kW，年发电量508.66亿kW·h，分别为同期全国水电总装机容量的33%和发电量的29%。1994年共新增小型水电站1018处，机组1920台，装机容量93.85kW。在全国2166个县中，有793个县以小水电供电为主，而且以小水电为依托建立了近800个县和跨县电网，其中跨县电网有42个。

由于小水电在解决农村能源供应，改善农村自然环境，扶贫及促进农村经济发展中的重要作用，使得小水电在我国农村获得了很大的发展，并引起了国内外舆论的高度关注（图 6-12）。鉴于中国小水电发展的成就，1981 年在中国杭州建立了亚太地区小水电研究培训中心，1998 年联合国开发计划署（UNDP）又正式把国际小水电中心设在中国，这表明中国的小水电已从中国走向世界。表 6-9 是有关中国小水电的发展情况。

图 6-12 小水电机组

中国农村小水电开发情况（1996） **表 6-9**

地区	可开发（MW）	已开发（MW）	比例（%）	年发电量（G·Wh）
全国	71870	19200.8	26.7	61960.1
北京	90	56.7	63.0	88.8
河北	939.3	247.5	26.4	709.8
山西	581	135.7	23.4	342.3
内蒙古	387	38.9	10.1	89.0
辽宁	429	174.1	40.6	496.2
吉林	1888	174.1	9.2	521.7
黑龙江	728	109.2	15.0	301.5
江苏	112	32.7	29.2	50.8
浙江	3227	1080.4	33.5	1952.5
安徽	685	215.4	31.4	424.8
福建	3594	2013.5	56.0	6369.4
江西	3083	922.7	29.9	2336.0
山东	215	76.8	35.7	68.4
河南	1031	268.8	26.1	553.7
湖北	4036	1178.4	29.2	3813.4
湖南	4146	1724.5	41.6	5416.7
广东	4166	2552.5	61.3	7925.3
广西	2322	1201.4	51.7	4086.5
四川	5878	3018.5	51.7	13027.6

续表

地区	可开发（MW）	已开发（MW）	比例（%）	年发电量（G·Wh）
贵州	2554	729.3	28.6	2286.8
云南	10250	1576.3	15.4	6047.8
西藏	16000	159.3	1.0	420.0
陕西	1569	259.9	16.6	625.8
甘肃	1089	250.6	23.0	807.2
青海	2000	133.3	6.7	414.4
宁夏	23	6.0	26.1	12.4
新疆	3979	558.1	14.0	1711.1
海南	397	199.0	50.1	540.7
天津		5.8		22.4
水利部直管		101.4		497.8

从表6-9可知，我国小水电已占可开发量的26.7%，远远高于我国大中型水电的开发比例。若不包括25～50MW的电站，则为可开发量的24.3%，其中开发比例最低的是西藏（约为1%），资源多、开发程度高的是广东、福建、四川、广西、湖南等省区。根据装机规模、运行方式及管理形式，可列表将我国农村小水电分类如下（表6-10～表6-12）。

按管理方式分类 **表6-10**

类型	电站座数	机组台数	装机容量（MW）	年发电量（TW·h）
国有电站	3720	16884	10792	38.51
村办电站	39683	53170	4985	12.31
总计	47313	70054	15777	50.90

按电站装机容量分类 **表6-11**

类型	电站座数	机组台数	装机容量（MW）	年发电量（TW·h）
微型	26962	29357	854	1.5
小小型	17545	33306	5364	14.43
小型	2806	7391	9559	34.92
总计	47313	70054	15777	50.90

按运行方式分类 表 6-12

类型	电站座数	机组台数	装机容量（MW）	年发电量（TW·h）
接入国家电网	3720		3088	8.95
接入地方电网	14825		10802	37.64
孤立运行	2806		1887	4.31
总计	47313	70054	15777	50.90

此外，小水电的发展还使我国地方电网的规模不断扩大，并使农村小水电供电区的用电构成发生了很大的变化。保证了县办工业、乡镇工业和农村家庭用电需求的快速、持续增长。由于小水电的规模越来越大，使得电力在农村能源中的比重不断增加。这一意义深远的变化表明，小水电在促进我国农村社会经济发展与环境保护中所起的作用越来越重要。小水电已不单单是解决农村能源问题的一种技术和手段，而是形成了一个社会、经济和环境效益并重的新颖的小水电行业，成为我国农村两大文明建设的强大支柱产业（表 6-13、表 6-14）。

农村水电供电区用电构成（1976～1996 年） 表 6-13

年份	县办工业（%）	农村用电（%）				
		排灌	农副产品加工	乡镇工业	家庭用电	其他
1976	37.0	26.4	14.4	9.9	12.3	
1980	45.3	20.6	12.4	10.3	9.2	2.3
1985	40.6	11.4	11.4	17.8	12.7	6.0
1987	41.4	10.5	9.8	19.3	12.8	6.5
1991	41.4	6.2	6.7	12.6	23.5	9.9
1992	40.5	5.6	6.6	16.4	23.4	7.5
1993	40.4	4.5	6.2	17.9	23.3	7.7
1994	38.7	4.5	6.0	16.9	23.6	7.9
1995	38.4	5.1	5.9	17.4	23.2	10.0
1996	37.8	4.9	5.4	19.3	24.9	7.7

中国小水电历年发展情况 表 6-14

年份	装机容量（MW）	年发电量（TW·h）
1949	3.7	
1955	7.0	
1960	251.4	

续表

年份	装机容量（MW）	年发电量（TW·h）
1965	330.0	
1970	1019.0	
1975	3083.2	669
1980	6925.5	1272
1985	9521.0	2413
1990	13180	3928
1994	15777.0	6090

6.4.4 中国小水电的特点

20世纪50年代，随着农业生产的提高和农村的发展，中国开始了农村小水电建设。当时由于中国农村还处于非常落后的自给自足的自然经济状态，农村用电水平很低，且对电力的需求也不高，这就使得我们有时间根据我国农村的特点，结合引进当时苏联先进技术，发展形成了具有我国特色的规划、施工和运行低造价的小水电开发技术。其主要特点包括：

1. 以县为基础的分散方式的管理体制

与其他发展中国家不同，中国在小水电开发管理方面是以地方为主分散进行的（图6-13）。除了小水电发展战略、目标、标准及政策方针由中央政府确定制定外，其他关于规划、开发、运行、管理、设备制造等均由地方政府承担。这种在“地方为主、微型为主和服务为主”的基础上发展起来的以地方为主、自力更生建设小水电和由大电网延伸供电的两条腿走路的方针，形成了我国农村用电由国家电网、地方电网及孤立小水电站供电的以县为基石出的分散方式的管理体制。

我国小水电这种开发管理方式的特点也可参见与其他发展中国家的比较（表6-15）。由表可见，在其他发展中国家，解决农村用电被认为是中央政府的一种基本职责，在这些国家小水电的开发管理一般都是由中央政府直接负责的，地方政府和当地民众基本不参与。据联合国统计，广大发展中国家还有约20亿人没有用上电，一些国家农村户通电率只有5%左右，少数用上电的农村基本上由大电网延伸供电、少量的依靠当地孤立小水电站送电，故这种所谓集中方式的管理

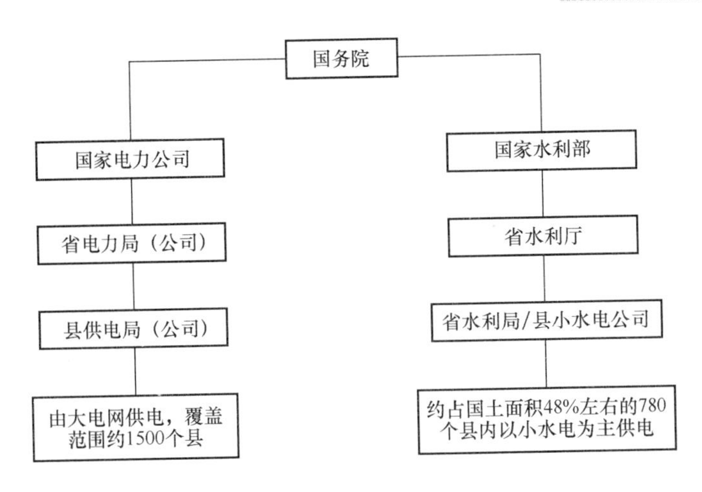

图 6-13 我国小水电管理体制

体制并不利于农村小水电发展。

小水电开发管理方式比较 表 6-15

比较内容	中国	其他发展中国家
管理体制	以县为基础实行分散方式的开发和管理	直接由中央政府实施项目并管理
地方政府和当地群众参与开发	直接负责规划、施工、运行、管理等	不密切
发供电关系	小水电供电区内有地方电网实行统一发供电	多由大电网延伸，少量由孤立电站供电

2. 对地方办电给予专门的优惠扶持政策

长期以来，中国政府为地方自力更生办电制定了一系列的优惠政策，鼓励各级政府和当地群众就近开发山区丰富的小水电资源。20 世纪 60 年代初出台的“自建、自管、自用”的三自方针，一直是指导我国小水电发展的正确方针。“自建”就是允许和鼓励地方政府和当地群众发扬艰苦奋斗、自力更生精神，利用当地的资源、技术和原材料，自行规划、建设地方小水电站，资金筹措也以地方为主，甚至一些地方还包括自己生产需要的小水电设备。“自管”表示谁投资归谁所有，避免了政策上的平调，保护了地方政府办电的积极性，因此小水电的管理体制是很超前的，要形成发供用一体化的统一的小水电市场。根据这一方针，结合农村电气化建设，又明确了很多优惠政策。如：

（1）行政一把手负责制。从国家总理到地方领导都关心农村小水电建设，各县都成立了以县长为组长的农村电气化领导小组，对电气化建设中的重大决策、资金筹集等方面进行研究审定，解决建设中的困难，负责调动各方面的力量来支持农村小水电建设。

（2）建立农村水电建设基金。在农村水电供电区内每千瓦时用电量征收2分钱，作为农村水电发展建设基金。有些省补充规定收取4分钱。

（3）“以电养电”政策。由小水电站及地方电网产生的利润，不缴地方财政，全部留在企业，用以再发展小水电。这条政策已经实行了近20年，对发展小水电起到了重大作用。

（4）税赋政策。在1994年初实行新税制，之前，小水电只征收电站收入的5%为产品营业税，1994年起改为6%的增值税，比大电站及大电网征收17%的增值税优惠。在所得税方面，按规定收取利润的33%，有些省补充规定，其征收的所得税一半返还给电站，用于“以电养电”，还有些省是全部返还给电站的。这些政策均比大电站优惠。

（5）电价政策。小水电的电量属计划外电量，可参与市场调节，其电价可以按成本加税金再加适当利润确定。

（6）贷款政策。国家农业银行列专项安排农村水电贷款。有些省还对贷款利息进行补贴。

（7）保护小水电供电区的政策。国家规定国家大电网应支持小电网，有条件的应做到大小电网联网运行，实行互供，调剂余缺。大电网不允许挤占小电网的供电用户，更不允许以各种借口上收小电网。李鹏总理曾指出：发展小水电的核心是要有自己的供电区，如果没有自己的供电区即等于没有市场。

3. 多渠道筹措建设资金

小水电建设需要大量资金。以小水电供电为主的农村电气化建设，不但要让地方去办电，而且还要动员当地人民去用电。因此，资金筹集是非常重要的，需要采用多种办法去筹集资金，包括：

（1）实行多渠道、多层次、多模式筹集办电。鼓励农民个人投资或群体投资，也鼓励企业投资，也允许外县的资金来投资办电站，总之，不论谁来投资都受欢迎，实行“谁投资、谁所有、谁收益”政策。

（2）采用股份制或股份合作制进行集资、融资，包括利用外资。自20世纪

90 年代初在部分地方采用股份制办小水电以来，目前约有 80 余家按股份制模式组建起来的电站及电网，约有 300 余家按股份合作制模式办的电站，这一办电模式有利于小水电建设资金的筹集。

(3) 政府支持。从中央到地方各级政府，每年都要安排数亿元资金用于小水电建设，这些低息贷款的还款期约为 10 年。

(4) 小水电企业自身滚动的投资。由于几十年来的连续投入和建设，使很多县都有一些电站和电网，每年都有一定数量的利润及“以电养电”资金，这些都可以用于再投入，其中 1996 年的“以电养电”资金约为 4.8 亿元。

(5) 农民自筹。农民对小水电建设有很高的积极性，人们常讲“山区要想变，先办小水电”，“有了电，富一片”。因此，由当地农民筹资办电是解决建设资金不足的很好的一条路子。一般情况，10kV 以下的输变电工程，均由受益农民负责集资修建，特别贫困的山区，政府可以给予适当支持。农民投劳折资是一种普遍使用的方式。一些县规定，每个农民劳动力应有义务建设水利及公用设施，每年不得少于 8～10 个工作日。有些县在建设电站及电网时，以农民参加劳动工日折算成资金入股。

(6) 从金融机构贷款。近 10 年来金融机构逐步成为资金来源的主体，农业银行及建设银行为农村水电专门设立专项贷款，用于支持地方小水电建设。

4. 与中国式农村电气化建设紧密结合

20 世纪 70 年代初期，随着农村粮食问题的基本解决和乡镇企业的出现，我国广大农村开始由传统农业向现代化农业转化，由自给自足经营向商品化生产经营转化。农村能源的需求日益增长，电的作用越来越突出，实现农村电气化，向农村提供足够的电力，已经成为实现四个现代化的一个重要问题。

但是，对于中国这样一个古老的大国来说，各地经济发展和资源条件必然是很不平衡的，要想完全依靠国家办电，依靠大电网供电，来实现农村电气化是不现实的，也是不经济的。因此，坚持两条腿走路的方针，允许小水电资源丰富的山区农村先电气化起来，用电的范围广一些，标准高一些，甚至超过城市的用电水平，这对国家、集体和个人也都是有利的。1982 年，中央政府决定首先在 100 个小水电资源丰富的县建立试点，计划到 1990 年建成。这样，我国搞农村电气化以开发小水电为基础，这个大方向就明确了。

这种以地方自力更生开发小水电为主的中国式的农村电气化有三个基本的特点。一是电源上，根据我国目前能源紧张、大电网缺电的实际情况，主要靠我国蕴藏丰富的小水电资源；二是建设上主要依靠地方，贯彻“自建、自管、自用”的三自方针，建设资金主要依靠地方群众自力更生解决，国家作适当补助，建成后也靠地方管理，实行“建设和管理统一，发电和供用电统一”的地方管理体制，以调动地方群众办电的积极性；三是在用电水平上要与预期的小康生活水平相适应，不要攀高喜洋，脱离实际可能条件。以上三点可以概括为三句话，即电源上要因地制宜，建设上要自力更生，用电上要实事求是。这是建设中国特色的农村电气化试点县必须遵循的原则。

5. 经济实用的小水电技术

我国农村小水电发展较快，也归功于在整个建设过程中，重视应用新科技、新产品、新成果，从而形成了与我国农村当代发展水平相适应的经济实用的小水电技术，包括：

(1) 制定了一套农村初级电气化标准体系。提出了小水电供电区内建设农村初级电气化县的标准体系，其中主要有：人均年用电量和户均年生活用电量各200kW时；农户用电普及率90%上；供电保证率85%以上。这几个指标体现了农村生活温饱的最低条件。这些指标的全面完成，可以使原来处于贫困境地的山区农村的经济初步得到振兴。在当时提出这个标准时，中国2300多个县中，有85%的县达不到这个标准，有50%以上的县只达到标准各项指标的一半。这个标准体系的科学性在于使农村小水电建设和经济增长、居民生活水平的提高有直接联系，而且又能反映出电力建设中发、供、用电三个环节的同步发展。

(2) 在农村规划上探索出一套和传统电力发展规划截然不同的方法。电力发展规划的规划期常为定数，一般取5年或10年，以当地负荷自然增长为依据，满足电网供区用电需求。小水电规划以达到标准的时间而定，使农村电力负荷建设带有强制性，即在规划期内，必须达到要求数量。由于中国农村电气化是以小水电供电为主，因此，在电力电量平衡中，常出现丰水电力电量有余，枯水电力电量不足的矛盾。经过研究，采取“双向调整”的方法解决，即在选择电源时，不以单站经济指标最优为前提，而以全网运行最优为目标，尽力满足负荷增长的需求；在用电负荷的选点建设上，又应尽量以电网可能供应的电力电量来安排，即电力供应与用户需求双向调整，以求得平衡。为此，大部分电气化县的规划，都安排一定数量可以按电网指令增减负荷的用户，如铁合金、硅铁。为了充分利用丰水电能，鼓励农户在丰水期使用电炊、农作物烘干、田间作业和能够蓄热的电锅炉等；在枯水期这些季节负荷都减下来，确保正常的生活用电、基础工业用电、商业用电。如果还缺少电力和电量，即应考虑建设有年调节能力的水库电站或火电站进行补充，有条件的地方，也可由国家大电网吸收丰水期电能，补充枯水期电力。据初步统计，第一批 100 个电气化县，在实施过程中采用“双向调整”方法，比计划减少 400MW 装机，用电量比规划增加 15%，节约数十亿元投资，而且加快了建设速度。

（3）制定了从前期工作到建设、安装、验收、运行等各个环节的技术规程、规范、法规、标准。这些电力行业技术法规，确保了小水电建设过程中严格按科学方法保证质量、讲求效益，按期完成任务。

（4）推广新技术。在农村小水电建设中，大力推广应用新技术。主要有：碾压混凝土拱坝、面板堆石坝、沥青芯墙堆石坝、无人值班电站。无人值班变电站、氟塑料轴瓦、自动清污拦污栅、电网调度自动化、优化运行调度，跨流域调水开发、集水网优化运行、多梯级水库群优化运行、用电管理等，在机电产品方面，研究开发了高效转轮、简易水机自动操作器、无刷励磁，六氟化硫开关等。这些新技术、新产品的推广应用，不仅节约了投资，而且加快了工期，又提高了供电可靠性。

（5）加速培养了大批人才。全国有十余所高等院校，专门为农村小水电建设定向招收学生，毕业后返回到本县工作。同时，又从在职的工人中，选择一批到学校学习两年，以提高技术水平。并且，各县又设立工人培训学校，每年对电工进行轮流培训，进行考试，合格者发给证书，实行持证上岗，并在实践中造就了一批技术骨干。目前，已经达标验收的电气化县，都有能力自行设计、施工安装总容量 2000kW 以下的电站及 35kV 输变电工程，有些县可以靠自己的技术力量建设 30MW 的电站和 110kV 的输变电工程，甚至还可以到国外去承建电站。

6. 形成地方电网

与其他发展中国家不同，我国在小水电建设中注意发展小水电自己的供电区，一些地方形成了县电网或跨地区的地方电网。地方电网的规模一般为 20～

50MW，目前全国已有装机容量约64.4%，发电量66.9%的小水电并入了地方电网，从而在我国农村形成了三种基本的供电方式：

（1）由农村小水电供电。在小水电资源丰富的一些地区形成统一的发供用系统，由县水利局或县小水电公司负责向农村供电，配电电压一般为35/10/0.4kV。地方电网与国家电网可以在某一点连起来，以便充分利用季节性电能，调节丰枯电能。

（2）由国家大电网供电。目前全国约在2/3的县靠国家大电网延伸供电，供电量占全国农村总供电量的85%左右。由于大电网本身缺电严重，而且大电网延伸在经济上也越来越不合理，电网末端电价高昂，有很多不合理因素，以至一些地方通了电，但用不起电。但是，由于大电网覆盖区多为我国经济较发达地区，因此它对我国农村发展的作用是不可低估的。

（3）由大电网趸售供电。在地方电网中小水电装机不多、电量不足的地区，采用大电网趸售给地方电网的办法向农村地区供电。

6.4.5 农村利用小水电的经济分析

发展农村小水电是一个综合获利的项目。对我国农村发展具有重要的意义。一方面是小水电站建设的社会效益：农民不必再为砍柴付出大量艰苦的劳动，也再不用受千百年来烧柴的烟熏火燎之苦，从而提高健康水平；清洁卫生的电炊和电取暖，可从根本上改变农村落后的生活习惯，加快农村传统生活方式向现代生活方式的转变，促进精神文明建设和农村社会全面发展；以农村水电开发为龙头带动中小河流开发和山区水利建设，可提高这些地区的防洪抗旱能力；边境地区、少数民族地区实施小水电代燃料生态建设可进一步改善生态环境，促进旅游业和社会经济的全面发展，改变贫困落后面貌，促进边境安定与社会稳定。另一方面是居民的具体利益，也就是投资者和当地居民的具体获利情况。据调查统计分析，大体上农民人均收入1500元左右，可承受0.18元/kW·h的代燃料电价；人均收入2000元左右，可承受电价0.22元/kW·h；人均收入2500元左右，可承受电价0.26元/kW·h。据中国统计年鉴资料显示，2000年全国农村居民人均年收入2253.4元，西部地区为1632.3元，按全国小水电代燃料户均年用电量1200kV·h、平均代燃料到户电价0.17元/kV·h计算，全国小水电代燃料户均年电费为204元，人均年电费为53元，占全国农村居民收入的2.4%，占西部地区农村居民人均年收入的3.3%，均小于典型县户均年燃料费占其户均年收入的比例。小水电代燃料生态建设新增装机的年发电量扣除代燃料用电量外，还有一部分多余电量可用于工农业生产。这部分多余电量按绿色能源合理定价销售产生的利润可用于小水电代燃料户的电费补贴，减少农民的电费支出。由于党和国家重视“三农”问题，从规划开始实施到2020年，随着农村经济发展，农民年人均可支配收入将逐步提高，代燃料用电电费占用户可支配收入的比重还会进一步降低。

节能住宅规划建设实例 7

随着党中央统筹城乡发展的重大战略决策，我国农村居住建筑的建设正在飞速发展。建筑节能作为我国的一项基本国策，是贯彻国家可持续发展的一项重要举措。在满足建筑总体布局节能要求的同时，单体建筑的各项节能设计，更是落实节能标准的关键所在。为了贯彻落实中央提出的建设社会主义新农村的战略部署，全国各地通过示范村的建设探索出一条科学指导农民建房的途径，示范村的建设充分体现了四节一环保的建设节约型和环境友好型社会要求。示范村的建设采用一些有地方特色的节能环保建筑材料，采用新的节能技术，建筑设计科学合理，提高了农村居住建筑的建筑品质和使用性能。示范村的建设符合国家节能标准的要求，经济上也完全可以承受，从根本上提高了农民的居住条件，具有很强的可操作性。以下简略概述天津蓟县毛家峪及北京平谷区将军关、太平庄示范新村的节能设计。

7.1 体形系数

通过对北方寒冷地区建筑体形系数与耗热量指标的计算分析，表明在建筑物各部分围护结构传热系数和窗墙面积比不变的条件下，建筑物的耗热量指标随体形系数增大成直线上升。由于目前农村居民的生产、生活及传统观念的影响，农村住宅多为低层建筑，以层为分户界限的单元式多层住宅还不能普及。目前农村户均面积大多在 60～180m^2左右，特殊生产经营性户均面积在 200～300m^2之间。已建成的毛家峪、将军关示范新村均以户为基本单元，2～4 户并联，2 层为主，3～4 层不等，如图 7-1～图 7-7 所示。当住宅两户联排时，其表面积约为 524m^2，体积约为 864m^2，体形系数为 524/864＝0.61；当住宅四户联排时，其表面积约为 976m^2，体积约为 1728m^3，体形系数为 976/1728＝0.56。

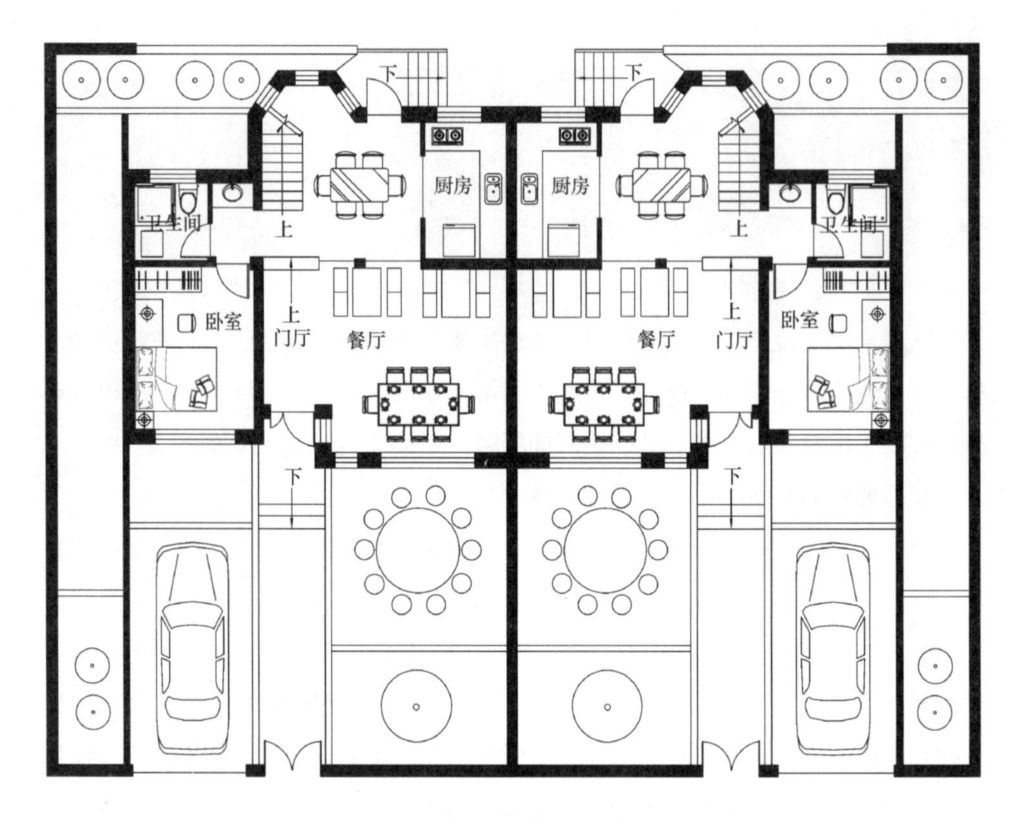

图 7-1 将军关村住宅首层平面

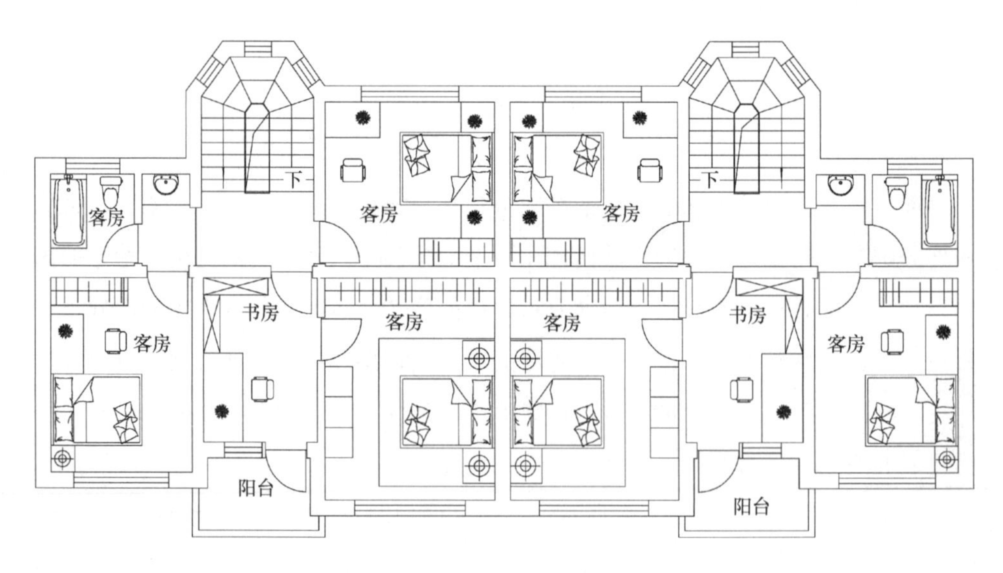

图 7-2 将军关村住宅二层平面图

图 7-3 将军关村住宅

以经营农家院旅游为特点的蓟县毛家峪新村住宅，多采取两户并联布局方案，如 B2 房型（6、8 号楼）其每户建筑面积是 446m^2，表面积约为 1629m^2，体积约为 3393m^3，体形系数为 1629/3393＝0.48，如图 7-6、图 7-7 所示。从有利于节能，尽量减少建筑外围护结构热损失的角度出发，体形系数应尽可能减小，

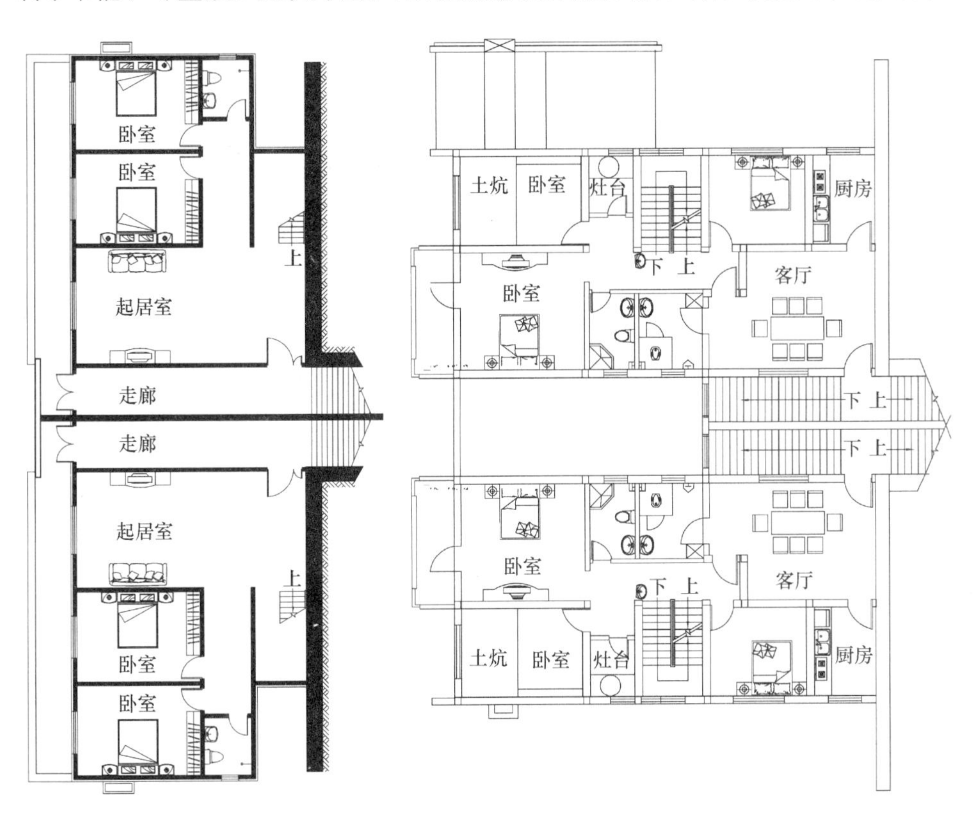

图 7-4 毛家裕住宅首层平面图

图 7-5 毛家裕住宅二层平面图

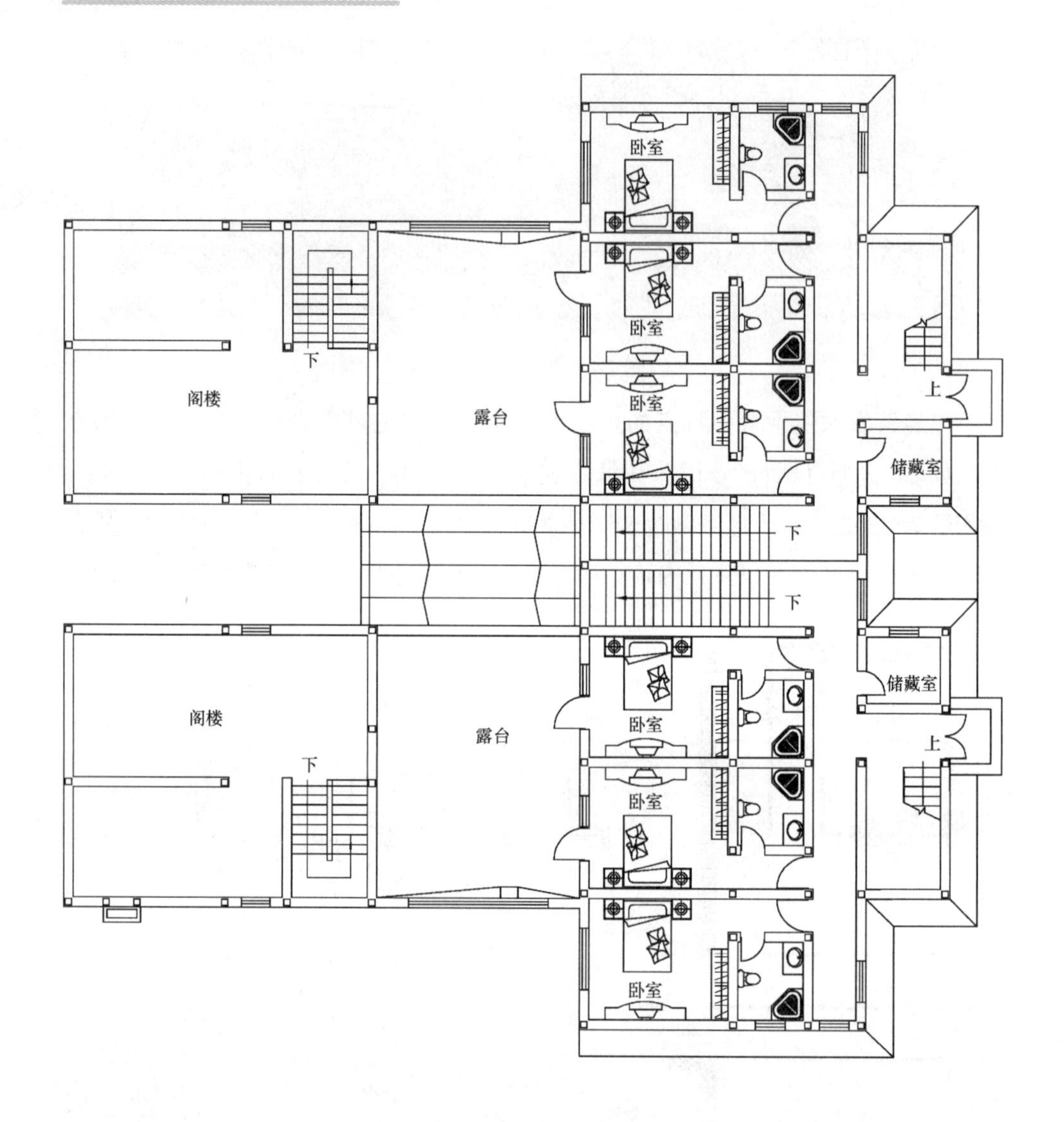

图 7-6 毛家裕住宅三层平面图

但要同时综合考虑建筑造型、平面布局、采光通风等设计诸要素及农民的现实需求，鉴于体形系数对建筑节能的影响作用，我们建议农村居住建筑设计，其体形系数也应符合国家标准，寒冷地区居住建筑的体形系数，≤3 层≯0.55；当不满足要求时，则应加强围护结构其他部位的保温措施。

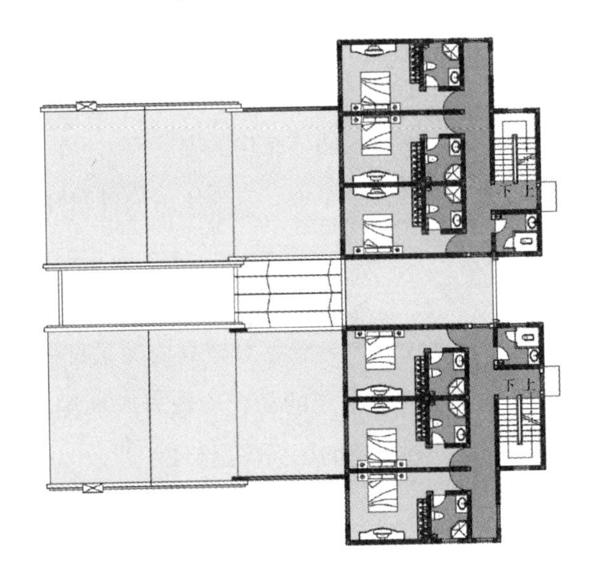

图 7-7 毛家裕住宅四层平面图

7.2 适合于农村节能居住建筑的建筑材料及构造措施

1. CS 板建筑体系实现建筑节能与结构承重一体化

天津蓟县毛家峪新村建设 4 万 m^2 的 60 栋住宅，全部采用的是 CS 板建筑体系，以具有承重、保温隔热、隔声等多种功能于一体的 CS 墙板、屋面板与钢筋混凝土构造柱、圈梁以及毛石基础共同组成建筑物的承重、围护结构体系。其结构整体性和抗震性优于其他传统结构。开创了新型建筑材料运用于农村居住建筑的先河。该建筑体系实现了节能建筑围护结构与结构承重体系一体化的创新，形成了完整、优异、安全、经济、舒适的 CS 板结构建筑体系，并且达到了 65%的节能标准。CS 板结构建筑体系既可直接替代砖混或其他砌体结构，适用于建造多层和低层房屋，也可利用 CS 板保温性能，与其他框架及框轻结构体系结合使用。

2. 承重混凝土空心砌块外贴保温材料

利用工业废料如粉煤灰、煤渣及河沙等制成的承重混凝土空心砌块，配合钢筋混凝土芯柱及圈梁的设置组成建筑物的承重体系，外墙与高效保温材料聚苯板、挤塑聚苯板组成复合墙体，复合墙体的保温做法通常有内保温、中间保温和外保温。将绝热材料复合在承重砌块墙外侧的外保温复合墙体的热稳定性好，可避免冷桥，不减少室内的使用面积，居住较舒适，室内墙面二次装修和设备安装也不受限制。由于受保温层的保护，墙体结构的温度应力也较小。非常适用于多层、低层房屋建筑，北京平谷区的将军关、太平庄示范村的村民居住建筑大多采用此种方式。

3. 屋面节能设计

屋面保温层不宜选用密度较大、导热系数较高的保温材料，以免屋面重量、厚度过大，采用聚苯板保温层代替常规的沥青珍珠岩或水泥珍珠岩是常用的做法。聚苯板、挤塑聚苯板是一种理想的屋面保温材料。

4. 窗户节能设计

窗户是住宅热交换、热传导最活跃、最敏感的部位，是住宅节能设计的关键部位。做好窗户节能设计应从以下几方面着手：

（1）控制住宅建筑的窗墙比限值

根据我国相关设计标准规定，北向、东西向和南向的窗墙比限值，分别不应超过20%、30%和35%。我们建议农村居住建筑的窗墙比限值，应执行此标准规定。且在满足通风采光的前提下，应尽量开大南窗，适当开设东、西向窗，减少或不设北向窗，以达到多获取太阳能而减少热损失的目的。

（2）选用中空玻璃塑料窗、中空玻璃断桥铝合金窗

农村居住建筑外檐窗传热系数限值应控制在 $K \leqslant 2.7 \mathrm{W/(m^2 \cdot K)}$。

（3）选用节能窗帘

（4）提高窗户的密封性

冷风渗透的热损失不容忽视，窗缝的冷风渗透的热损失约占窗户总热损失的1/3～1/2，故此提高窗户的密封性能是必要的。农村居住建筑外檐门窗气密性能不应低于国家标准《建筑外门窗气密、水密、抗风压性能分级及检测方法》GB/T 7106—2008 中规定的 6 级（$1.5 \geqslant q_1 > 1.0$，$4.5 \geqslant q_2 > 3.0$）。

5. 地面保温节能设计

地面的保温措施有两种：一是建筑直接接触土壤的周边地区，按要求沿外墙周边从外墙内侧算 2.0m 范围内采取保温措施，二是对非采暖的地下室或底部架空层的地板的保温。

7.3 农村节能居住建筑围护结构传热系数限值

1. 蓟县毛家峪新村住宅 B2 房型（6、8 号楼）节能设计构造做法（图 7-8）

（1）工程坐落地点为蓟县毛家峪的山区坡地，两户并联，层数≤4 层。采用 CS 板承重体系，楼梯间均不采暖。

（2）围护结构构造做法选用及取值

1）屋顶

坡屋面采用 210mm 厚 CS 屋面板（内夹 150mm 厚聚苯板），K=0.40W/(m^2·K)；上人平屋面保温层采用 60mm 厚挤塑聚苯板，K=0.39W/(m^2·K)。

2）外墙

190mm 厚 CS 承重墙板（内夹 130mm 厚聚苯板），10mm 厚水泥砂浆面层；K=0.42W/(m^2·K)（钢筋混凝土圈梁冷桥部位外侧做 30mm 厚聚苯板保温）。

3）外窗（含阳台门透明部分）

窗墙面积比：东向 0.08、南向 0.30、西向 0.08、北向 0.08；

外窗采用中空玻璃塑钢框料，K≤2.7W/(m^2·K)，气密性指标为 15≥q_1>1.0m^3/(m·h)。

4）入口外门（不透明部分内填岩棉）K≤1.5W/(m^2·K)

5）外门窗框靠墙体部位的缝隙，应采用聚氨酯高效保温材料填实、密封膏嵌缝，不得采用普通水泥砂浆勾缝。

2. 围护结构传热系数限值

结合示范村节能设计的具体做法，基本达到了国家 65%的节能标准的要求，我国北方寒冷地区农村居住建筑的外围护结构传热系数限值应符合表 7-1 中相应的规定。

农村居住建筑外围护结构传热系数限值 表 7-1

围护结构部位		传热系数 K [W/(m^2·K)]
屋面		0.4
外墙		0.45
外窗（含阳台门透明部分）		2.7
非采暖公共空间入口门	透明部分	≤4.00
	非透明部分	≤1.50
阳台门下部门芯板		1.50

续表

围护结构部位	传热系数 K [W/(m^2·K)]
分隔采暖与非采暖空间的隔墙、户门	1.50
底面接触室外空气的楼板	0.50
分隔采暖与非采暖空间的楼板	0.55

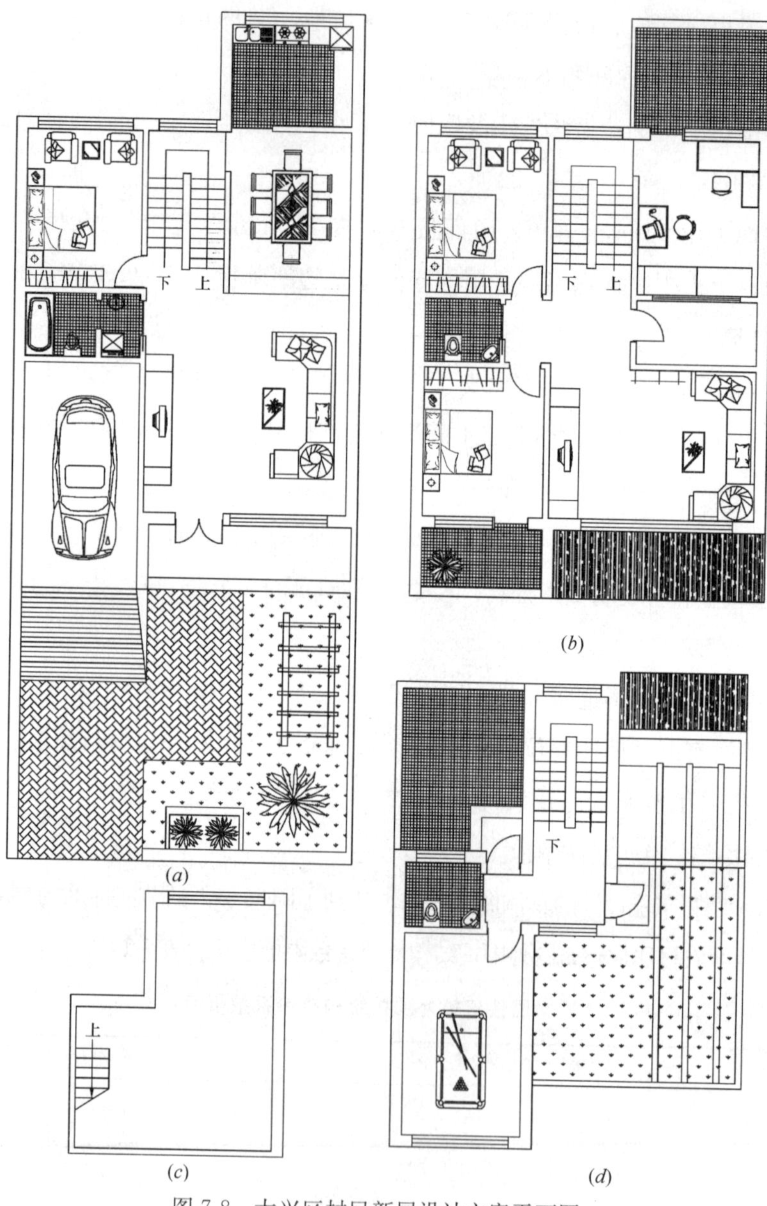

图 7-8　大兴区村民新居设计方案平面图

(*a*) 首层平面图；(*b*) 二层平面图；(*c*) 地下室平面图；(*d*) 三层平面图

7.4 农村节能居住建筑造价分析

综合以上各部分的叙述，我们现在来进行一下总结分析，可以得出的结论一是：若要使农村居住建筑达到节能、舒适的效果，应从两大方面着手。一是充分利用自然环境资源，合理设计降低建筑能耗，以达到节约能源的目的；二是做好建筑物各部位的节能保温构造设计，满足节能建筑的要求。结论二是：我们必须从节能建筑显著的综合经济效益的角度来看待分析问题。

1. 充分利用自然环境资源，合理设计降低建筑能耗，以达到节约能源的目的

我们以北京大兴区村民新居设计方案为例，说明优化设计是建筑节能的前提，从某种意义上说可以少花钱就能满足建筑节能的要求。

(1) 注重节约用地，对建筑体型进行优化设计，将体型系数控制在合理的范围内。

该方案建筑用地仅为 131.02m^2。节约用地体现在以下三个方面：一是将辅助用房和居住用房联合一体，共同建设，减少了分离设置时居住用房与辅助用房之间的交通道路占地，并便于管线及道路的铺装。二是平面呈较规整的大进深、小面宽设计，可进行多种形式的并联，不仅有利于住宅单体的节能和造价的降低，同时为组团布置节约用地创造了良好条件。三是平坡结合的屋面及南北方向的退台不仅丰富了立面又缩短了日照间距。

(2) 注重建筑平面的优化设计

首先在设计中根据对热环境的需求进行了合理分区，将热环境要求相近的房间相对集中布置在朝向及自然舒适度好的南向区域，以保证室温；将厨房、走道等置于冬季温度相对较低的区域内，既可利用主要房间的热量流失加热辅助空间，又可作为主要房间热量散失“屏障”，达到室内热稳定，使能源得到充分利用。其次是温度阻尼区的设置，利用南向封闭阳台空间作为一个阳光室，使自然界的冷热变化不会直接作用于居室内部，从而改善了居室的热舒适环境。

(3) 注重建筑立面的优化设计

将建筑物不同朝向的窗墙比控制在合理的范围内，并且采取有效的绿化遮阳

等措施，以减少夏季建筑物室内得热过多，从而达到节约能源的目的。绿化遮阳是一种既经济又美观的遮阳方式，特别适合于农村低层住宅建筑。

2. 做好建筑物各部位的节能保温构造设计

要达到建筑物的节能要求，就必须满足建筑物的屋顶、外墙、门窗及其缝隙、地面等各部位的节能保温构造设计要求，这需要一定的经济费用，而且是需要在建造过程中一次性投入的。对于目前我国大多数地区的农民来说，其收入与建筑节能的一次性投入相比，相对还是低的，建筑节能的费用，也是很多农民最关心的实际问题。

3. 综合经济效益

(1) 传统的农民住房不节能，寿命短，20～30 年就必须得翻修一次，农民把大部分的收入基本上都用在了翻修房子上。采用新型节能技术修建的房子，虽然一次性投入大，但由于房子的保温、节能、抗震等性能好，再加上寿命长，一般 50 年左右才需翻修一次，节能和翻修次数减少省下来的钱，可以让农民长久享受节能建筑带来的益处，最终收回成本。

(2) 以北京郊县节能示范村为例，节能民居的推广和使用让农民受益不小。太阳能是一种可持续利用的清洁能源，农村节能建筑由于采用了太阳能集热板、新型建筑保温材料及太阳能热水器。即使在隆冬季节，室温也能保持在 5℃以上，再配备辅助供暖设施，室内温度可提高到 16℃左右。一冬天每户最多用 1t 煤左右，以前老房子每年冬天取暖每户就要用掉 3～4t 煤，以 1t 煤 600 元计算，农民实实在在地尝到了节能建筑带来的甜头。

(3) 北京太平庄村新建民居每户建筑面积以 150m^2 计算，每平方米造价为 1000 元左右，整个房子一共需 15 万元左右。这 15 万元中，市、区建委和乡镇政府的补贴约 6 万元，再加上旧房的拆迁补偿，农民还需向银行贷款 5 万元。5 万元的贷款当地农民依靠旅游业及农副业收入大概 3 年就能还完。

随着党中央统筹城乡发展的重大战略决策，我国农村居住建筑的建设正在飞速发展。建筑节能作为我国的一项基本国策，是贯彻国家可持续发展的一项重要举措。在满足建筑总体布局节能要求的同时，单体建筑关于节能设计的考虑，更是问题的关键。我们希望农民朋友能够通过此书对农村居住建筑节能设计有一个概括全面的了解，为农民朋友居住环境的改善尽一点微薄之力。

8 结　论

通过对国内外节能规划、村镇住宅建筑节能设计及能源利用和节能技术现状的研究，分析并总结小康村、新农村的建设理念，对北方寒冷地区新村住宅选址及规划布局模式、农村成套住宅的组合形式及优化设计、新型保温节能材料及构造措施、农村新能源的利用等方面进行了分析及研究，得出以下的结论：

1. 依据“小康村”、“社会主义新农村”、“文明生态村”的新农村建设规划理念，充分权衡考虑新村规划的相关影响因素，实现新村规划建设节能是新型村镇住宅建设理念的重要内容，是时代的要求。

2. 在农村选址布局规划方面，考虑规划选址的节能因素；建筑朝向与夏季主导季风方向最好控制在30°～60°之间。满足日照间距的要求，采用南低北高的坡屋顶形式（或阶梯式）；合理布置绿化；采用传统低层院落式住宅组合形式、多层单元式住宅组合形式的布局模式；并要求在规划设计中充分考虑节地节能，控制人均居住用地指标；控制容积率及建筑密度指标，可实现选址和规划布局上的节能效果。

3. 在建筑设计方面，分析了建筑耗能的影响因素，评估了相应的技术解决措施，提出了节能设计的相关要求：建筑体形选择合理；建筑平、立、剖面进行优化设计；控制建筑的体形系数；控制住宅的窗墙面积；选用合适的围护结构和构造方法，控制围护结构的传热系数。通过上述措施，可实现建筑设计上的节能效果。

4. 在市政节能方面，分析研究了能源利用的方式及节能技术，提出农村因地制宜地利用包括秸秆、沼气、太阳能等新能源及可再生能源，推荐了太阳能采暖、沼气和秸秆气替代传统炊事用气等在农村的新能源利用形式。

5. 针对农村规划节能，提出了推荐的规划设计模式供北方寒冷地区新农村建设参考借鉴，乃至复制、推广。

参考文献

[1] 王焱，王波．夏热冬冷地区居住区规划的节能考虑[J]．南方建筑，2002(3)：86-87.

[2] 崔英伟．村镇规划．新农村规划与建设丛书[M]．北京：中国建材工业出版社，2009.

[3] 北京市建设委员会．建筑设计与建筑节能技术[M]．北京：冶金工业出版社，2006.

[4] 袁隆平，官春云，施骏．农村太阳能开发利用技术[M]．北京：中国三峡出版社，2008，5.

[5] 罗运俊，何梓年，王长贵．太阳能利用技术[M]．北京：化学工业出版社，2008.

[6] 周春艳．太阳能技术在东北地区农村住宅中的应用策略研究[D]．哈尔滨工业大学，2006.

[7] 陈衍庆．新农村新能源利用[M]．北京：中国社会出版社，2009.

[8] 张咏梅等．新农村建设——生物质能利用[M]．北京：中国电力出版社，2008.

[9] 刘晓峰．实用农村节能新技术．南昌：江西科学技术出版社，2008.

[10] 刘亮，唐任远，孙雨萍．兆瓦级直驱式永磁风力发电机关键技术研究[D]．山东大学，2008.

[11] 沙浩洁，杨天海．分布式风力发电技术分析及经济评估[J]．华东电力，2009，37(2)：300-302.

[12] 金兆森，陆伟刚等．村镇规划(第三版)[M]．南京：东南大学出版社，2010.

[13] 骆中钊，王学军，周彦．新农村住宅设计与营造[M]．北京：中国林业出版社，2008，1.